Wolfgang Ritter

BIENEN-KRANKHEITEN

INHALT

Bienenvölker kann man nur dann gesund erhalten, wenn die Ursachen für Probleme rechtzeitig erkannt werden. Beim Check der Bienenvölker in Beuten werden von außen besonders die Vorgänge am Flugloch und im Innern vor allem die Auffälligkeiten auf den Waben und in der Brut untersucht. Zur Abklärung von Krankheiten oder Vergiftungen sollte man Proben an eine Untersuchungsstelle einsenden.

ERKENNEN VON KRANKHEITEN

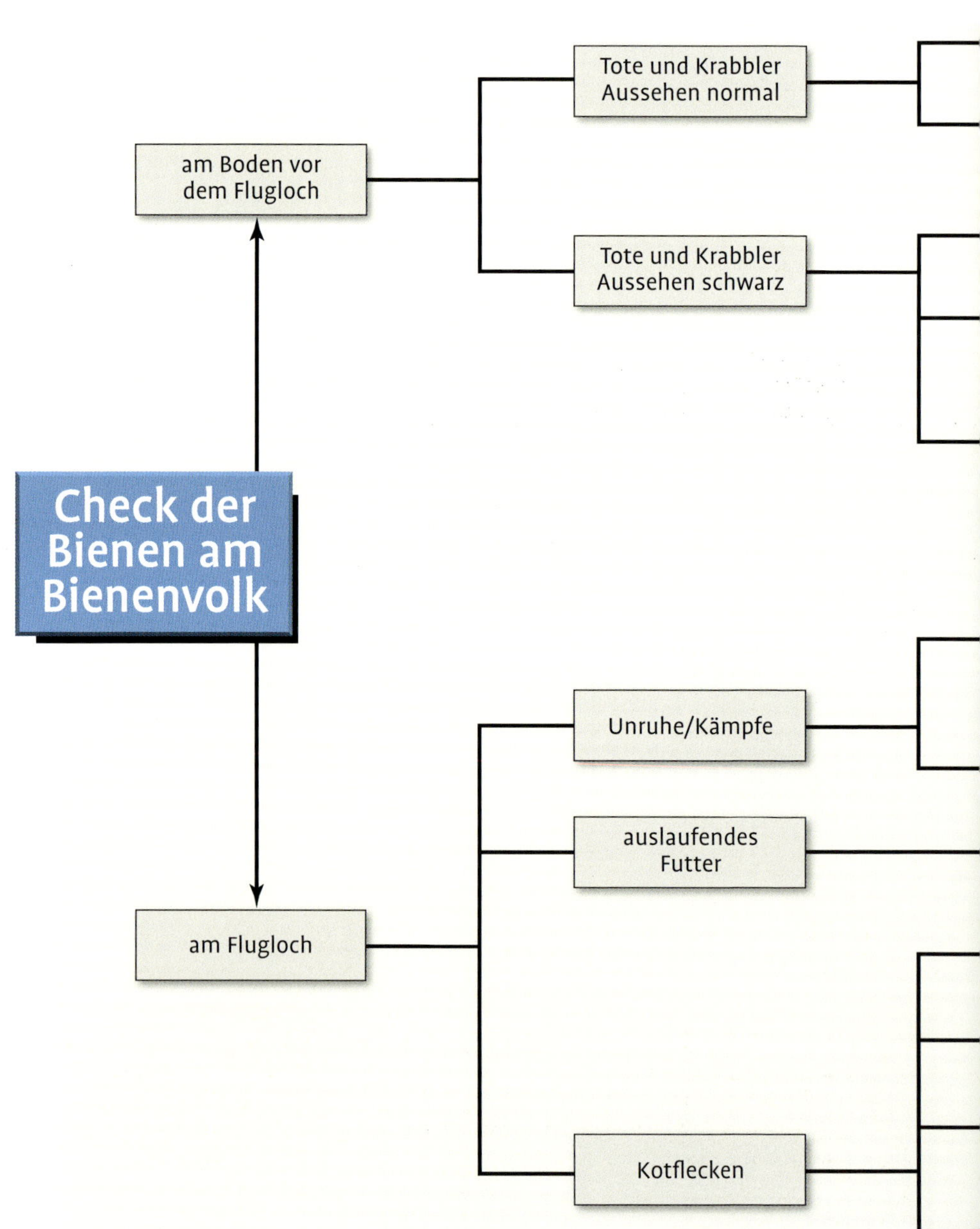
Check der Bienen am Bienenvolk
am Boden vor dem Flugloch
Tote und Krabbler Aussehen normal
Tote und Krabbler Aussehen schwarz
am Flugloch
Unruhe/Kämpfe
auslaufendes Futter
Kotflecken

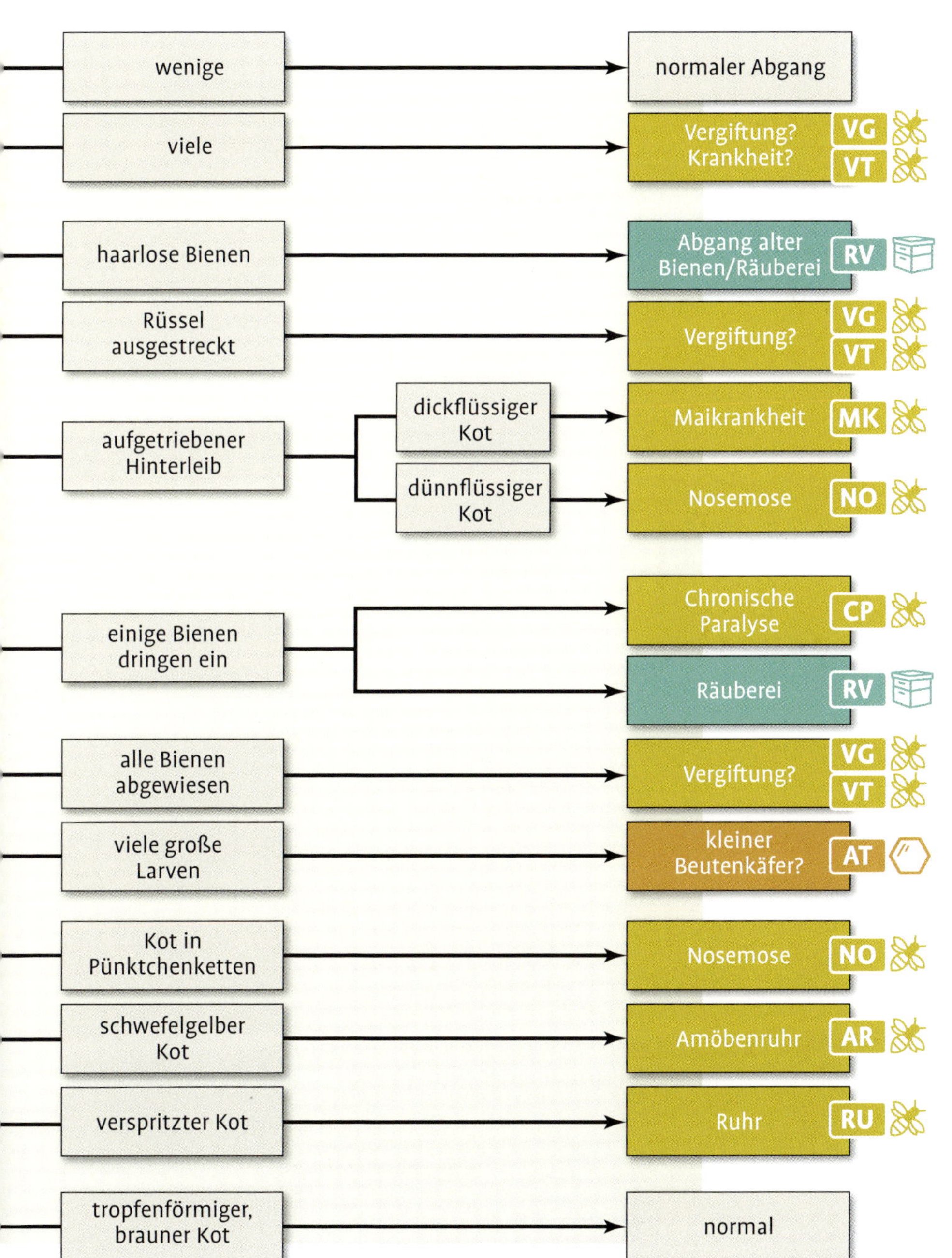
wenige
normaler Abgang
viele
Vergiftung? Krankheit?
VG
VT
haarlose Bienen
Abgang alter Bienen/Räuberei
RV
Rüssel ausgestreckt
Vergiftung?
VG
VT
aufgetriebener Hinterleib
dickflüssiger Kot
Maikrankheit
MK
dünnflüssiger Kot
Nosemose
NO
einige Bienen dringen ein
Chronische Paralyse
CP
Räuberei
RV
alle Bienen abgewiesen
Vergiftung?
VG
VT
viele große Larven
kleiner Beutenkäfer?
AT
Kot in Pünktchenketten
Nosemose
NO
schwefelgelber Kot
Amöbenruhr
AR
verspritzter Kot
Ruhr
RU
tropfenförmiger, brauner Kot
normal

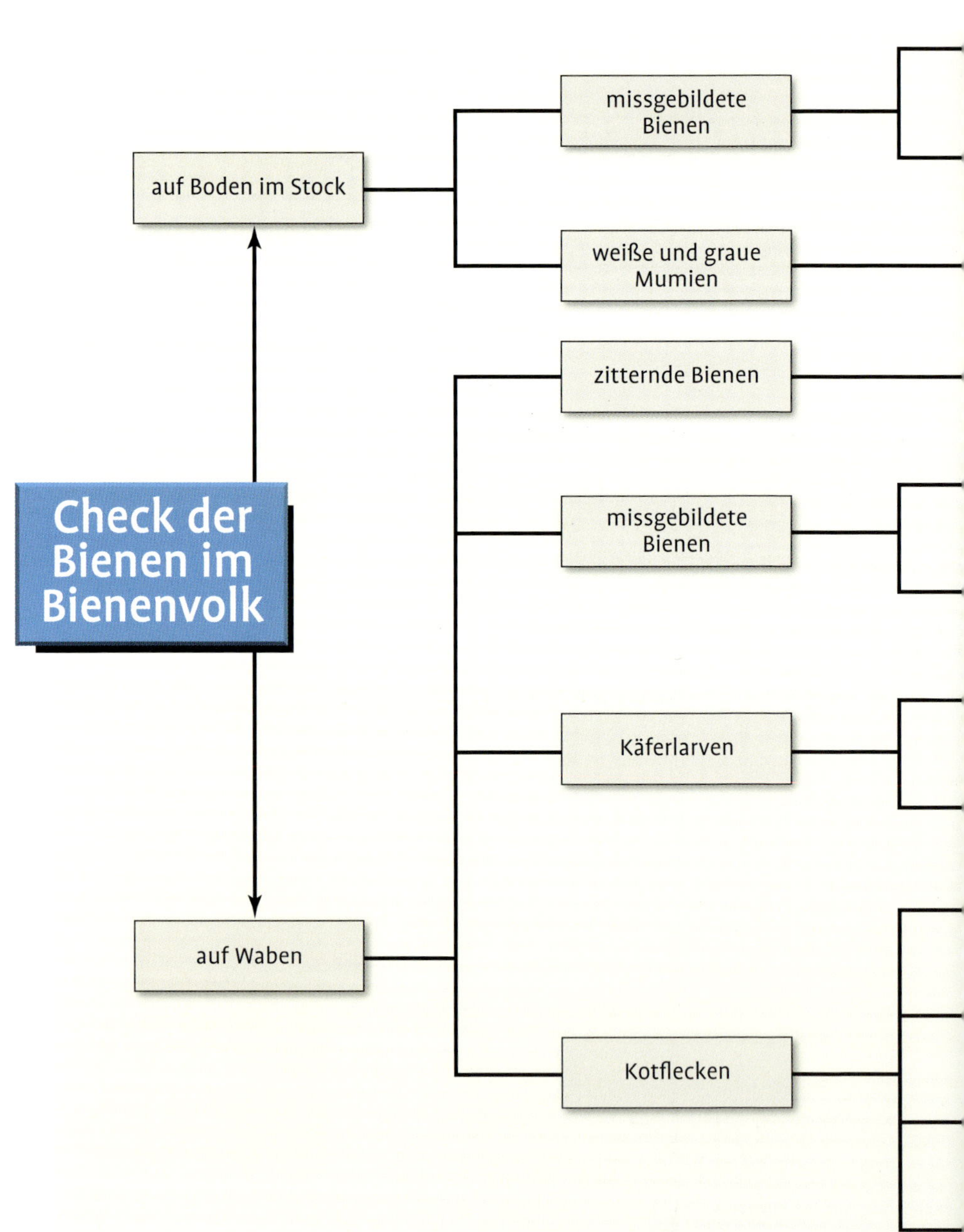
Check der Bienen im Bienenvolk
auf Boden im Stock
missgebildete Bienen
weiße und graue Mumien
auf Waben
zitternde Bienen
missgebildete Bienen
Käferlarven
Kotflecken

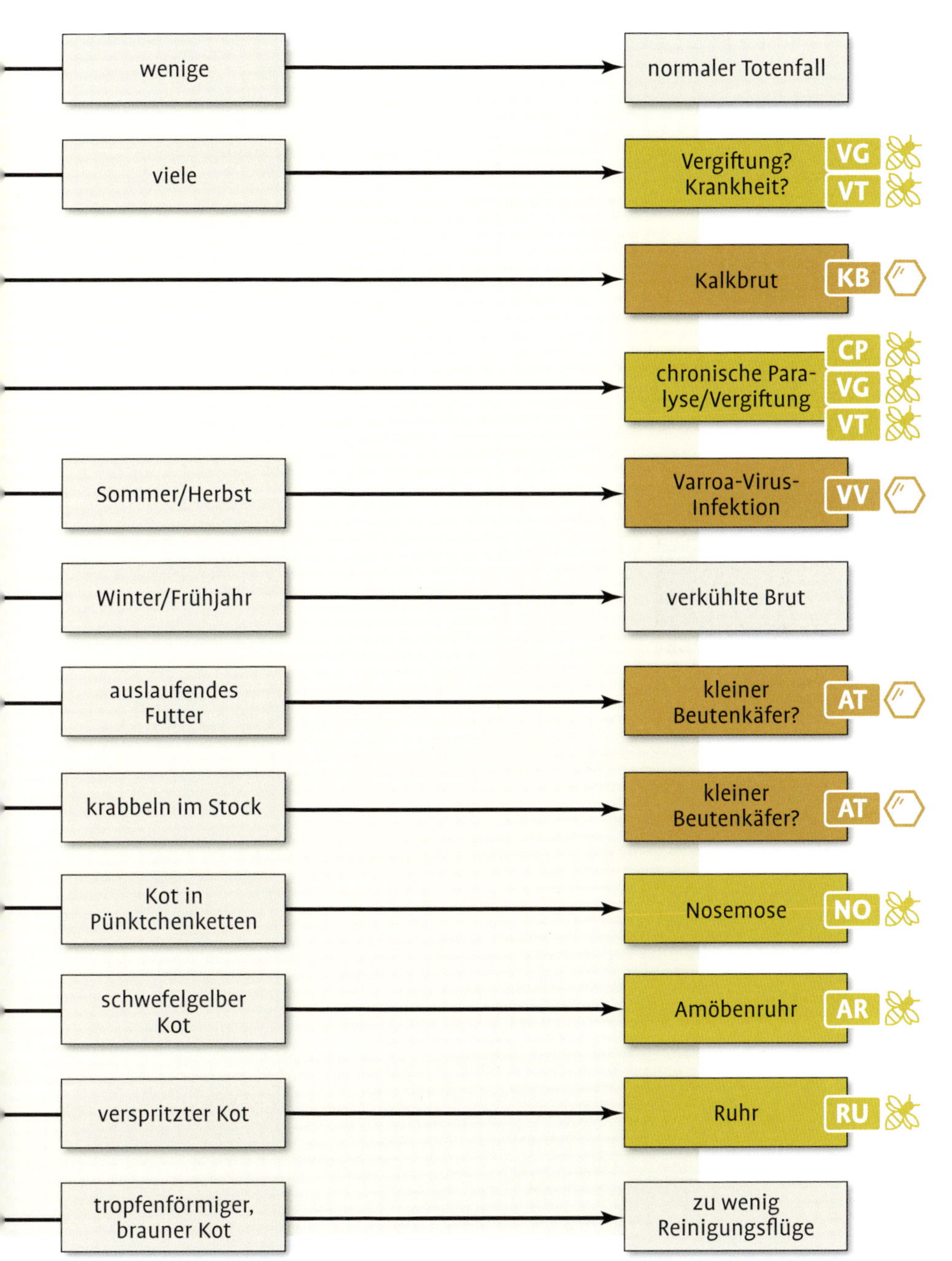
wenige
normaler Totenfall
viele
Vergiftung? Krankheit?
VG
VT
Kalkbrut
KB
chronische Paralyse/Vergiftung
CP
VG
VT
Sommer/Herbst
Varroa-Virus-Infektion
VV
Winter/Frühjahr
verkühlte Brut
auslaufendes Futter
kleiner Beutenkäfer?
AT
krabbeln im Stock
kleiner Beutenkäfer?
AT
Kot in Pünktchenketten
Nosemose
NO
schwefelgelber Kot
Amöbenruhr
AR
verspritzter Kot
Ruhr
RU
tropfenförmiger, brauner Kot
zu wenig Reinigungsflüge

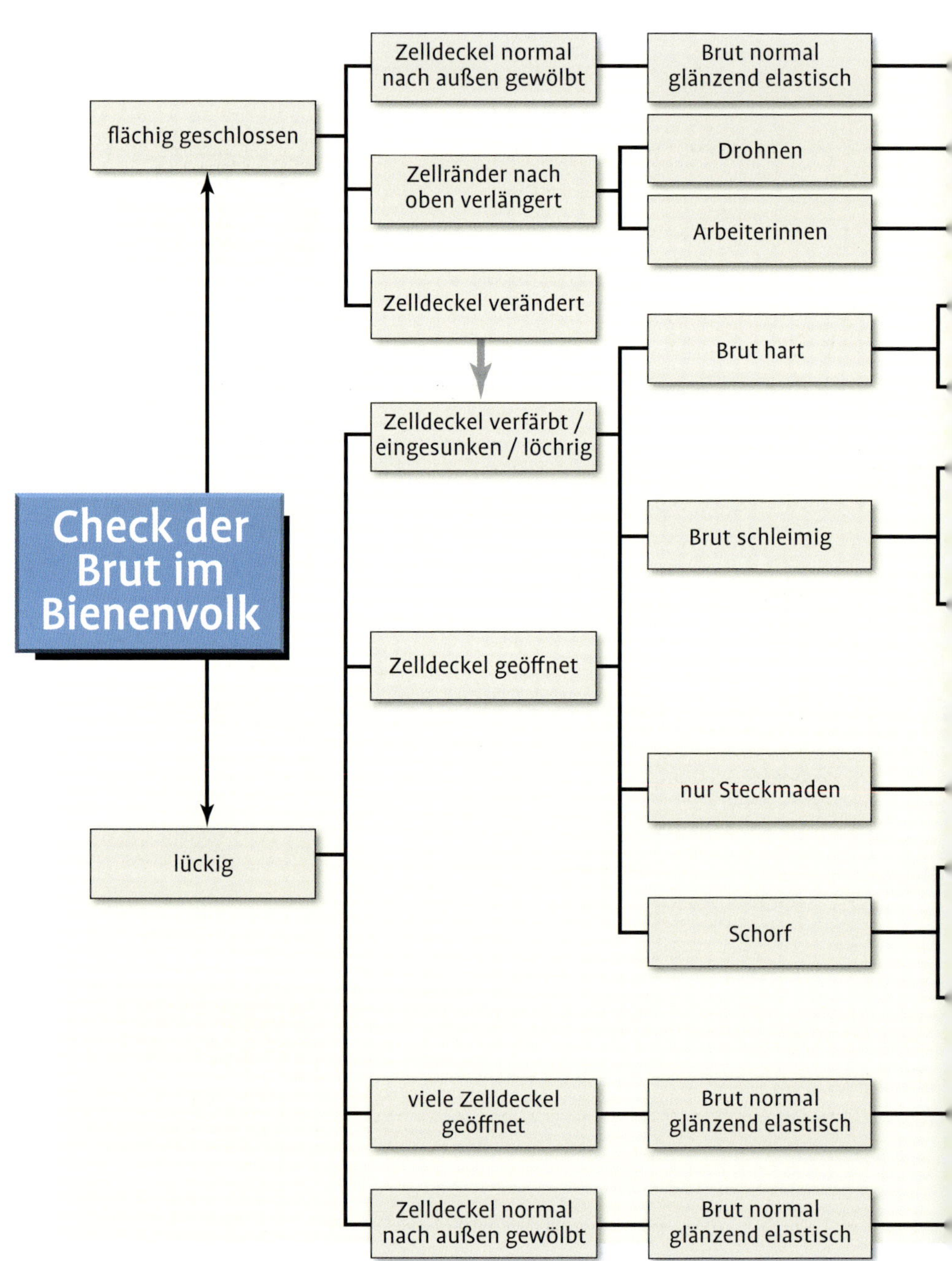
Check der Brut im Bienenvolk
flächig geschlossen
Zelldeckel normal nach außen gewölbt
Brut normal glänzend elastisch
Zellränder nach oben verlängert
Drohnen
Arbeiterinnen
Zelldeckel verändert
Brut hart
Zelldeckel verfärbt / eingesunken / löchrig
Brut schleimig
Zelldeckel geöffnet
nur Steckmaden
lückig
Schorf
viele Zelldeckel geöffnet
Brut normal glänzend elastisch
Zelldeckel normal nach außen gewölbt
Brut normal glänzend elastisch

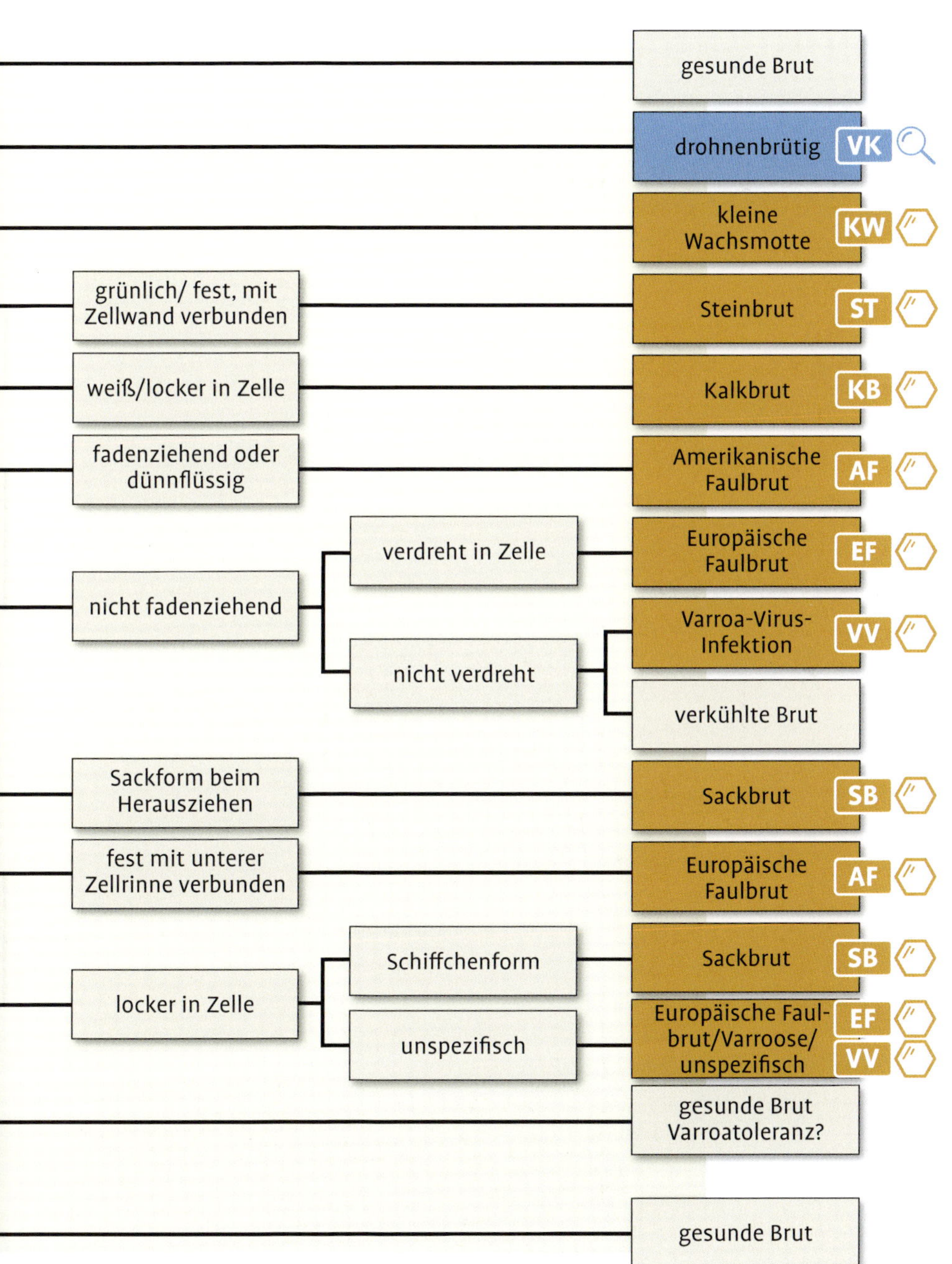
gesunde Brut
drohnenbrütig
VK
kleine Wachsmotte
KW
grünlich/ fest, mit Zellwand verbunden
Steinbrut
ST
weiß/locker in Zelle
Kalkbrut
KB
fadenziehend oder dünnflüssig
Amerikanische Faulbrut
AF
nicht fadenziehend
verdreht in Zelle
Europäische Faulbrut
EF
nicht verdreht
Varroa-Virus-Infektion
VV
verkühlte Brut
Sackform beim Herausziehen
Sackbrut
SB
fest mit unterer Zellrinne verbunden
Europäische Faulbrut
AF
locker in Zelle
Schiffchenform
Sackbrut
SB
unspezifisch
Europäische Faul-brut/Varroose/unspezifisch
EF
VV
gesunde Brut Varroatoleranz?
gesunde Brut

CHECK AM BIENENVOLK

FLUGBETRIEB AM NESTEINGANG

Das gilt allgemein

- Vorgänge am Nesteingang geben Hinweis auf Zustand des Bienenvolks und mögliche Gefahren von außen.
- Bei jedem Standbesuch sollte man zunächst den Flugbetrieb bei allen Völkern beobachten.
- Der Flugbetrieb wird von Volkstärke, der Tracht, der Aktivität von Fressfeinden wie Wespen, dem Wetter und von der Stimmung und Vitalität des Bienenvolkes beeinflusst.
- Bienen tragen Pollen ein, um die Brut mit Proteinen zu versorgen.
- Zu Kämpfen am Flugloch kommt es bei Räuberei von anderen Völkern (RV).
- Geschwächte, kranke und vergiftete Bienen werden an der Rückkehr ins Nest gehindert.

So wird's gemacht

- Stärke des Flugbetriebs beobachten:
  - Hoch: starkes Volk und gute Tracht.
  - Gering: schwaches oder krankes Volk (SE, AF, EF, KB, TL, VV, AC, NO, AR, RU, AT).
  - Gering, aber viele Bienen am Flugloch: keine oder wenig Tracht oder Wespen bzw. Hornissen sehr aktiv (HV).
  - Plötzliches Nachlassen: Schwärmen steht kurz bevor.
  - Langsames Nachlassen: schlechtes Wetter im Anzug.
  - Nachlassen von einem zum anderen Tag: Abbrechen von Honigtautrachten.

- Ein- und ausfliegende Bienen beobachten:
  - Bienen mit Pollenhöschen unter den Heimkehrenden: Brut wird aufgezogen und Königin ist in der Regel vorhanden.
  - Kämpfe am Flugloch: Räuberei bei fremden Bienen und Krankheit oder Vergiftung bei eigenen Bienen (CP, VG, VT, RV).
- Bei auffälligen Völkern das Brutnest kontrollieren (BA).

Flugbetrieb: Bei schwachen Völkern und fehlender Tracht (Trachtlosigkeit) sind nur wenige Bienen unterwegs.

Flugbetrieb: Viele Pollensammler und reger Betrieb zeigen starke Völker und gute Tracht an.

Flugbetrieb: Zu Kämpfen am Flugloch kommt es bei Räuberei, Vergiftung und bestimmten Krankheiten wie Chronischer Paralyse.

TOTE BIENEN AM NESTEINGANG

Das gilt allgemein

- Im Sommer sterben pro Tag bis zu 1000 Bienen aufgrund des natürlichen Abgangs, meist unbemerkt während des Ausflugs.
- Nach Schlechtwetterperioden ohne Flugaktivität sterben mehr Bienen direkt beim Ausflug.
- Tote Bienen am Beutenboden werden von anderen Bienen möglichst hinausgetragen.
- Nach der Anwendung von Arzneimitteln können als Nebenwirkung mehr tote Bienen vor dem Nesteingang liegen (AA).
- Zurückkehrende vergiftete Bienen werden nicht ins Nest zurückgelassen und sterben vor dem Nesteingang (VG, VT).
- Tote Brut wird hinausgetragen, wenn sie:
  - in kalten Nächten verkühlt ist,
  - die Behandlung mit Arzneimitteln nicht überlebt hat (AA),
  - vergiftet wurde (VG, VT).
- Larven im dünnflüssigen fermentierten Honig:
  - Bei Invasion von Fliegen in schwache Völker wird der Honig fermentiert und die Fliegenlarven ertrinken darin (SE).
  - Bei starkem Befall mit dem Kleinen Beutenkäfer versinken die Larven des Käfers im dünnflüssigen Futter (AT).

So wird's gemacht

- Tote Bienen am Boden vor dem Nesteingang aufmerksam betrachten:
  - Wenige: harmlos, aber weiter beobachten (MK).
  - Viele: nach Schlechtwetterperioden hoher natürlicher Abgang oder Krankheit möglich (AC, NO, AR, SB).

- Plötzlich viele mit haarlosen Bienen und ausgestrecktem Rüssel: Vergiftung möglich (VG, VT).
- Langsam zunehmend haarlos erscheinende Bienen: Krankheiten wie Chronische Paralyse möglich (CP, SS).
- Tote Brut am Boden vor dem Nesteingang ansehen:
  - Wenig, vor allem tote Drohnenbrut: Unterkühlung nach Kälteeinbrüchen.
  - Wenig bis viel, vor allem junge Brut: Nebenwirkungen von Arzneimitteln (AA).
  - Viel, in allen Stadien, vor allem junge Brut: Vergiftung durch Pflanzenschutzmittel oder Frevel (VG, VT).
  - Wenig bis viel in allen Stadien der Brut: Krankheiten möglich (VV, TL, DF, AP).
- Dünnflüssiges Futter mit Larven fließt aus dem Flugloch:
  - Fliegenlarven: hohe Invasion von Fliegen.
  - Käferlarven: Verdacht des anzeigepflichtigen Befalls mit dem Kleinen Beutenkäfer (*Athina tumida*) (AT).

Tote Bienen am Nesteingang: Tote Bienen und tote Brut werden vor allem nach Verkühlung, Anwendung von Arzneimitteln, Vergiftung oder Krankheiten hinausgetragen.

Tote Bienen am Nesteingang: Dünnflüssiges Futter vermischt mit Käferlarven weist auf einen möglichen Befall mit dem Kleinen Beutenkäfer hin.

AUFFÄLLIGE BIENEN VOR NESTEINGANG

Das gilt allgemein

- Beim natürlichen Abgang von alten Bienen schaffen es einige noch bis in die Nähe des Nesteingangs.
- Alte, abgearbeitete Bienen sind meist haarlos und erscheinen schwarz.
- Je nach Jahreszeit können Bienen aufgrund unterschiedlicher Ursachen wie Alter, Sammelaktivität, Krankheiten und Vergiftung haarlos erscheinen.
- Vergiftete und an Chronischer Paralyse erkrankte Bienen machen oft kreiselnde Bewegungen und verenden mit ausgestrecktem Rüssel (VG, VT, CP).
- Erkrankte Bienen können oft nicht mehr fliegen und machen bei den Flugversuchen hüpfende Bewegungen.
- Bei Verdauungsstörungen schwillt der Hinterleib der Bienen (Abdomen) unnatürlich stark an (MK, RU).

So wird's gemacht

- Lebende Bienen vor dem Nesteingang beobachten:
  - Umherlaufend: natürlicher Abgang.
  - Krabbelnd, hüpfend im ausgehenden Winter bis zeitiges Frühjahr: Acarapisose möglich (AC).
  - Krabbelnd, hüpfend ganzjährig: Nosemose möglich (NO).
  - Bienen mit missgebildeten Flügeln im Frühjahr: Verkühlung der Brut.
  - Bienen mit missgebildeten Flügeln ganzjährig, besonders im Spätsommer: Varroa-Virus-Infektion wahrscheinlich (VV, DF).
  - Schwarze, haarlos erscheinende Bienen im Sommer: Massentracht oder Waldtracht (SS).
  - Schwarze, haarlos erscheinende zitternde Bienen im Sommer: Chronische Paralyse möglich (CP).
  - Schwarze, haarlos erscheinende Bienen ganzjährig: Vergiftung möglich (VG).

- Schwarze, haarlos erscheinende Bienen ganzjährig: Räuberei (RV).
- Aufgetriebener Hinterleib mit dünnflüssigem Kot im Frühling: Ruhr, Amöbenruhr und/oder Nosemose (AR, NO, RU).
- Aufgetriebener Hinterleib mit dickem Kot im Frühling: Maikrankheit möglich (MK).

Auffällige Bienen am Nesteingang: Manche alten Bienen schaffen es nur noch in die Nähe des Nesteingangs.

Auffällige Bienen am Nesteingang: Missgebildete Flügel treten bei Verkühlung und hohem Befall mit Varroamilben auf.

Auffällige Bienen am Nesteingang: Schwarze zitternde Bienen mit Chronischer Paralyse erscheinen zuerst auf den Oberträgern der Rähmchen.

SPUREN AM NESTEINGANG

Das gilt allgemein

- Bienen versuchen außerhalb des Nests abzukoten, um die Verbreitung von Krankheiten zu verhindern.
- Nicht immer schaffen sie es abzufliegen und koten bereits an der Flugöffnung ab.
- Von Kotspuren am Nesteingang geht keine Gefahr für das Bienenvolk aus.
- Kotspuren sollten trotzdem unbedingt näher analysiert und die Ursache ermittelt werden.
- Ungünstig zusammengesetztes Winterfutter (Verhältnis von Glukose/Fruktose) oder Zusatzstoffe verursachen häufig Durchfall (RU).
- Winterfutter mit hohem Anteil an mineralstoffhaltigem Waldhonig wird im Winter schlecht von den Bienen vertragen (RU).
- Parasiten im Darm wie bei Nosemose oder in den Nierenkanälchen (Malpighische Gefäße) wie bei Amöbenruhr verursachen Durchfall bei den Bienen (AR).

So wird's gemacht

- Nesteingang auf Kotspuren kontrollieren.
- Die Ursache der Kotspuren ermitteln:
  - Flächige Kotspuren treten bei Durchfall wegen ungeeignetem Winterfutter, z. B. mineralstoffhaltige Waldhonige, auf (RU).
  - Gelber Kot kann Amöbenruhr als Ursache haben (AR).
  - An Nosema apis erkrankte Bienen geben bei Durchfall den Kot kurz hintereinander in kleinen Tröpfchen ab (NO).
  - Bei Räuberei erbrechen die Bienen am Nesteingang klebriges Futter (RV).
- Waben im Volk auf Kotspuren untersuchen (WK).
- Zur Vorbeuge:
  - Bei späten Waldtrachten die Völker gleichzeitig mit dünnem Honigwasser (Zuckerwasser 1:1) füttern.

- Waben mit Waldhonig entnehmen oder an den Rand hängen, damit die Bienen es erst im Frühjahr aufnehmen.
- Bei durch Parasiten hervorgerufenem Durchfall den Bienen durch geeignete Bedingungen am Winterstandort frühe und häufige Reinigungsflüge zum Abkoten ermöglichen (NO, AR, AC, SA).

Verkoteter Nesteingang: Der in Pünktchenketten abgegebene Kot ist typisch für Nosemose.

Verkoteter Nesteingang: Größere dunkle Kotflecken treten vor allem bei Ruhr auf.

Verkoteter Nesteingang: Klebrige Flecken sind kein Zeichen für Durchfall, sondern dafür, dass sich Bienen während einer Räuberei erbrochen haben.

GERÜCHE VOR ODER IM BIENENVOLK

Das gilt allgemein

- Wenn man sich am Bienenstand aufhält, Völker öffnet oder im Winter am Nesteingang schnuppert, fallen sofort für Bienen untypische Gerüche auf.
- Gerüche werden von uns sehr unterschiedlich wahrgenommen und bewertet.
- Bei faulen Gerüchen stimmt irgendetwas im Bienenvolk nicht.
- Tote Bienen und/oder Brut erzeugen einen typischen faulen Geruch.
- Auffällige Gerüche treten erst bei massiven Ausbrüchen von Krankheiten auf (AF, EF, RU, AT, GW).
- Stark an Faulbrut erkrankte Völker können nach Schweißfüßen bzw. Knochenleim riechen (AF).
- Eine Maus nistet vor allem im Winter im Nest und verbreitet arttypische Gerüche.
- Bei Invasion von Fliegen in schwache Völker wird der Honig fermentiert und riecht gärig (SE).
- Bei starkem Befall mit dem Kleinen Beutenkäfer versinken die Larven des Käfers im dünnflüssigen Futter (AT).
- Wenn es besonders abends und nachts nach Honig riecht, dicken die Bienen den eingetragenen Honig ein und ventilieren das Wasser nach draußen.

So wird's gemacht

- Am Bienenstand, beim Öffnen der Beute und im Winter am Nesteingang auf außergewöhnliche Gerüche achten.
- Fauler Geruch: tote Bienen und/oder tote Brut.
- Geruch nach Schweißfüßen oder Knochenleim: Ausbruch der Amerikanischen Faulbrut wahrscheinlich (AF).
- Mäusegeruch: Maus im Nest.

- Gärig oder malzig: verdorbenes Futter, fermentiertes Futter durch Fliegeninvasion oder starker Befall mit dem Kleinen Beutenkäfer (SE, AT).
- Süßlich nach Honig: alles in Ordnung, die Bienen dicken den Honig ein.

Gerüche: Amerikanische Faulbrut fällt manchmal durch Geruch nach Fußschweiß auf.

Gerüche: Eine in der Bienenbeute überwinternde Maus riecht man bereits am Flugloch.

AM BIENENVOLK HORCHEN

Das gilt allgemein

- Mit dem Abhören im Winter kann der Zustand der Bienenvölker ohne Öffnen der Beute kontrolliert werden (AC, VV).
- Wenn weisellose Völker (= ohne Königin) geöffnet werden, beginnen die Bienen stark zu brausen bzw. zu heulen (VK).
- Nach Abgang eines Schwarms kommuniziert die erstgeschlüpfte Königin durch Tüten mit ihren Schwestern, die noch in der Schwarmzelle mit einem Quak-Geräusch antworten (SU).
- Beim Abgang eines Schwarms ziehen bis zur Hälfte der Bienen auf einmal aus, was zu lautem Flugverkehr führt.
- Bei guter Tracht sind viele Bienen von Aufgang bis Untergang der Sonne unterwegs.
- Bei gutem Wetter kehren die Drohnen am späten Nachmittag mit viel Getöse heim.

So wird's gemacht

- Im Winter Ohr oder Stethoskop an die Beute halten und kurz anklopfen:
  - Kurzes Aufbrausen: alles okay.
  - Langes Aufbrausen und Heulen: vermutlich weisellos (= ohne Königin) (VK).
  - Keine Antwort: Volk tot oder reagiert nicht (WV).
- Geräusche in der Nähe oder beim Öffnen der Beute wahrnehmen:
  - Tüten und Quaken: vor oder nach Abgang eines Schwarms (SU).
  - Lautes Brausen im Bereich des Nesteingangs am Vormittag: Abgang eines Schwarms.
  - Lautes Brausen im Bereich des Nesteingangs ganztägig: Massentracht.
  - Lautes Brausen im Bereich des Nesteingangs nachmittags: Heimkehr der Drohnen.

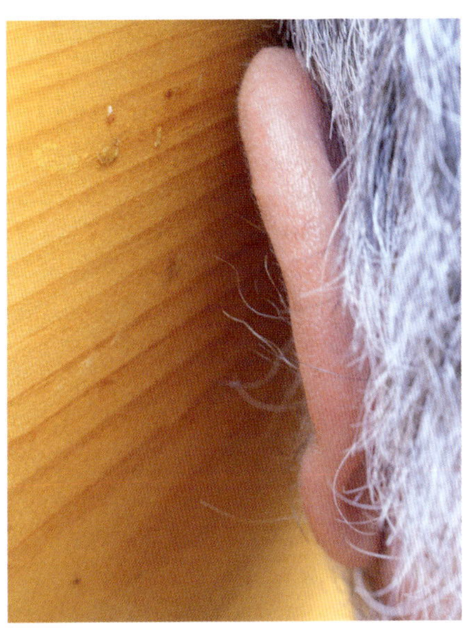

Geräusche: Am Bienenvolk kann man besonders im Winter sehr viel über den Zustand des Bienenvolks bereits mit bloßem Ohr erlauschen.

Geräusche: Ein Stethoskop erleichtert es, die Antwort des Bienenvolks auf die Klopfgeräusche wahrzunehmen.

GEMÜLL AUF DER BODENEINLAGE

Das gilt allgemein

- Das Gemüll kann vor allem auf den Befall des Bienenvolks mit Parasiten und Schädlingen untersucht werden (VV, TL, AT, BC, KW, GW, KB).
- Varroamilben und den Erfolg einer Varroabehandlung mit einem Arzneimittel kontrollieren (AV, VV).
- Das auf der Bodeneinlage angesammelte Gemüll zeigt den Zustand eines Bienenvolks an:
  - Die Volkstärke und der Bienensitz können erkannt werden.
  - Über den Totenfall sind Rückschlüsse auf Krankheiten oder Vergiftungen möglich (AC, NO, AR, VG, VT).
- Im Winter können aus dem Gemüll zusätzlich Drohnenbrütigkeit, Stockfeuchte und Durchfallerkrankungen sowie beginnende Aktivitäten bei Brutaufzucht und Wabenbau erkannt werden (WV).

So wird's gemacht

- Im Winter Bodeneinlage von Zeit zu Zeit herausnehmen und kontrollieren:
  - Natürlich abgefallene Varroamilben zeigen Befall des Bienenvolks (VV).
  - Überprüfung des Behandlungserfolgs anhand der abgetöteten Milben (VV).
  - Gemüllstreifen zeigen Bienensitz und Volkstärke an.
  - Wenige tote Bienen und Brut bei gesunden Völkern.
  - Viele tote Bienen und Brut bei Verkühlung oder Krankheit.
  - Starker Totenfall bei möglichem Ausbruch einer Krankheit.
  - Tote Drohnen bei weisellosen Völkern (VK).
  - Feuchte Gemüllhaufen bei zu großer Stockfeuchte.
  - Helle Wachsplättchen bei beginnendem Bautrieb.
  - Viele Wachsreste bei hohem Futterverbrauch und Räuberei (RV).
  - Eier und tote Larven bei frühem Brutbeginn.

  - Verkotete Einlage bei Ruhr und Nosemose (RU, NO).
- In der Saison den Bodenschieber jeden Monat zumindest drei Tage lang einschieben und zum Überprüfen herausnehmen:
  - Kontrolle der natürlich abgefallenen Varroamilben zur Feststellung des Befalls (VV, GU).
  - Überprüfung des Behandlungserfolgs anhand der abgetöteten Varroamilben (AV, VV).
  - Hinweis auf Volkstärke aufgrund der Menge und Verteilung des Gemülls.
  - Wenige tote Bienen und Brut auch bei gesunden Völkern.
  - Viele tote Bienen und Brut bei Ausbruch einer Krankheit oder Vergiftung (VK, VT).
  - Fermentiertes Futter mit Käferlarven (AT).
  - Viele Wachsreste bei aufgerissenem Futter aufgrund von Räuberei (RV).
  - Große Feuchtigkeit nach kühlen Nächten oder bei ungünstigem Standort (SA).
- Nach jeder Kontrolle Gemüll entfernen und Bodenschieber reinigen.

Gemüll: Bei Räuberei ist der Nesteingang verschmiert und viele Wachsreste fallen im Gemüll an.

Gemüll: Die Gemüllstreifen zeigen besonders im Winter den Bienensitz an.

Gemüll: Kleine Wachsschüppchen im Winter weisen auf einen frühen Baubeginn hin.

CHECK IM BIENENVOLK

ZB ZUSTAND DES BIENENVOLKS

Das gilt allgemein

- Volkstärke:
  - Anhand der von Bienen besetzten Wabengassen kann die Volkstärke geschätzt werden.
  - Das Gewicht bzw. die Gewichtsveränderungen erlauben Rückschlüsse auf die Futtervorräte.
  - Die genaue Bienenzahl und Futterfläche kann nur aus der Summe der Bienen und Flächen auf den einzelnen Wabenseiten bestimmt werden.
- Honigertrag:
  - Honigproduktion ist kein sicheres Zeichen für den Zustand des Bienenvolks.
  - Bei manchen Krankheiten (Nosemose, Virosen) sind die Erträge höher wegen weniger brutpflegenden Bienen („Ammenbienen") (NO, VV).
- Futterversorgung:
  - Der Futterstrom darf nie abreißen.
  - Junge Larven müssen im Futtersaft schwimmen.
  - Aus kurzzeitig hungernden Larven entwickeln sich keine gesunden Bienen mehr.
- Futtervorräte:
  - In trachtlosen Zeiten kann das Volk nur mit ausreichend Futter überleben.
  - Im Winter braucht das Volk genügend Futter zum Überleben.
- Schwarmstimmung ist ein Ausdruck von Vitalität und Gesundheit.

So wird's gemacht

- Volkstärke beurteilen:
  - Besetzte Wabengassen zählen.
  - Bienen auf Wabenflächen bestimmen.
- Honigertrag für jedes Volk protokollieren.
- Futterversorgung überprüfen:
  - Futterkranz neben und über der Brutfläche beachten.
  - Versorgung mit Futter bei jungen Larven prüfen.
- Futtervorräte für den Winter bestimmen:
  - Stockgewicht bestimmen.
  - Futter auf den Wabenflächen bestimmen.
- Schwarmstimmung anhand von Zeichen wie Schwarmzellen überprüfen (SU).
- Ein schlechter Zustand des Bienenvolks kann auf Krankheiten, Parasiten oder Vergiftungen hinweisen (AF, EF, KB, TL, VV, GW,).

Zustand Bienenvolk: Erfahrung sammeln beim Abschätzen des Gewichts der Beute.

Zustand Bienenvolk: Anhand der von den Bienen besetzten Wabengassen die Volkstärke abschätzen.

Zustand Bienenvolk: Bienenzahl und Größe der Futterfläche mit Hilfe eines mit Gummibändern in Sektoren aufgeteilten Rahmens bestimmen.

Zustand Bienenvolk: Bei offenen Brutwaben auf im Futter schwimmende Larven achten.

Zustand Bienenvolk: Bei Brutwaben auf den Futterkranz neben und über der Brut achten.

ANORDNUNG DER BRUT (BRUTBILD)

Das gilt allgemein

- Die Königin legt Eier nicht wahllos, sondern in einzelnen konzentrischen Kreissektoren an.
- Brutwaben auf Mittelwänden sollten ein geschlossenes Brutbild mit Brut ähnlichen Alters nebeneinander aufweisen.
- Brut auf Naturwaben ist ungleichmäßiger, aber Brut ähnlichen Alters liegt immer nebeneinander.
- Bei lückiger Brut sind einzelne Zellen zwischen der Brut gleichen Alters mit jüngerer Brut, Honig oder Pollen belegt.
- Abweichungen von dieser Anordnung bzw. Brutbild zeigen den Kampf gegen Krankheiten an oder weisen auf eine alte Königin mit nachlassender Legetätigkeit hin (⬡).
- Einzelne verdeckelte Zellen (stehen gebliebene Zellen) sind verdächtig für Brutkrankheiten (AF ⬡, EF ⬡).

So wird's gemacht

- Brutbild überprüfen:
  - Geschlossen mit Brut ähnlichen Alters nebeneinander: alles normal.
  - Lückig mit einzelnen Zellen mit jüngerer Brut, Pollen oder Honig dazwischen: Brutkrankheiten möglich (⬡).
  - Brut in einzelnen Zellen nicht geschlüpft („stehen gebliebene Zellen"): Brutkrankheiten möglich (AF ⬡, EF ⬡).

Brutbild: Brut ähnlichen Alters überwiegend nebeneinander.

Brutbild: Lückig durch einzelne aus Zellen entfernte Brut.

Brutbild: Die Brut aus einzelnen Zellen ist nicht geschlüpft.

ZUSTAND DER BRUTDECKEL

Das gilt allgemein

- Bienen inspizieren die Brut ständig und entfernen fehlentwickelte und kranke Brut aus den Zellen.
- Bei Larven ist dieses Hygieneverhalten sehr effektiv, da die Inspektion direkt möglich ist.
- Die Deckel der Zellen mit gesunder Brut sind konvex und weitgehend gleichmäßig gefärbt.
- Verdächtig sind eingesunkene, verfärbte und/oder löchrige Zelldeckel (AF, EF).
- Verdächtige gedeckelte Brutzellen müssen erst von den Bienen geöffnet und bei keinerlei Beanstandungen wieder mit Wachs verschlossen werden.
- Zelldeckel von ungeöffneten Zellen glänzen innen wegen des gesponnenen Kokons und von den Bienen wieder verschlossene sind wegen des Wachses stumpf.
- Zu viel erkrankte Brut kann nicht mehr entfernt werden und bleibt in teilweise geöffneten Zellen zurück ().
- Die Krankheit bricht aus, wenn nicht mehr genügend Bienen für die Bruthygiene zur Verfügung stehen oder sie ein genetisch bedingtes geringes Hygieneverhalten aufweisen.
- Die Kleine Wachsmotte hebt mit ihren Fraßgängen die Puppen von unten an und die Bienen verlängern die Zellwände nach oben („Röhrchenbrut") bei oft nur teilweise geschlossenem Zelldeckel (KW).
- In vielen varroatoleranten Völkern bleiben die Zelldeckel teilweise geöffnet, damit die Nachkommen der Varroamilbe ohne Schädigung der Bienenpuppen sterben (VV).

So wird's gemacht

- Brutwabe herausnehmen und Brutdeckel betrachten.
- Beschaffenheit der Wachsdeckel untersuchen:
  - Konvex, gleichmäßig gefärbt: gesunde Brut.
  - Eingesunken und verfärbt: Brutkrankheiten möglich (AF, EF, KB, ST, SB, AP, VV).
  - Ganz oder teilweise geöffnet: Inspektion durch Bienen, Brutkrankheiten (AF, EF, KB, ST,

SB, AP, VV) oder varroatolerante Völker möglich (VV).

- Offen mit verlängerten Zellwänden: Kleine Wachsmotte (KW).
- Geschlossen mit verlängerten Zellwänden: Buckelbrut (VK).
- Geschlossen und schwarz erscheinend (auch bei Weiselzellen): Schwarze-Königinnenzellen-Virus (BQCV) (SK).

- Innenseite des Zelldeckels durch Öffnen mit Pinzette oder Abziehen mit Wachstreifen auf Inspektion durch Bienen prüfen:
  - Innenseite des Brutdeckels glänzend: Brutzelle nicht von Bienen kontrolliert.
  - Innenseite des Brutdeckels stumpf: Brutzelle inspiziert (Hygieneverhalten).

Deckel von Brutzellen: Während der Inspektion der Brutzelle ist der Deckel über der Puppe ganz oder teilweise geöffnet.

Deckel von Brutzellen: Die verlängerten Zellen werden bei Befall mit der Kleinen Wachsmotte nur unvollständig geschlossen.

Deckel von Brutzellen: Nach dem Abziehen der Wachstreifen werden die Innenflächen der Deckel sichtbar.

ZUSTAND DER BRUT

Das gilt allgemein

(die Ziffern in Klammern beziehen sich auf die Grafik rechts)

- Junge Bienenlarven (1) werden von den Bienen intensiv gefüttert, gepflegt und bei Fehlentwicklungen und Krankheiten sofort entfernt.
- Bei Rundmaden (2) werden am 7. Tag die Zelldeckel von den Bienen mit Wachs verschlossen.
- Die Streckmade (3) spinnt in der verdeckelten Zelle einen Kokon.
- Die Vorpuppe (4) ist sehr empfindlich gegen Störungen.
- Bei auffälligen Brutzellen (5) wird der Deckel geöffnet und bei gesunder Brut wieder mit Wachs verschlossen.
- Kranke oder auffällige Brut (6) wird von den Bienen entfernt.
- Bei kurz nach dem Verdeckeln gestorbener Brut (7) liegt die zersetzte Streckmade bei Europäischer Faulbrut gedreht und bei Sackbrut mit gestreckten Kopf nach oben in der Zelle (EF, SB).
- Bei verpilzter Brut (8) entstehen bei Kalkbrut weiße bis dunkelbraune Mumien und bei Steinbrut sind die gelbgrünen Pilzfäden fest mit der Zellwand verbunden (KB, ST).
- Abgestorbene Brut (9) wird durch Bakterien in eine schleimige Masse zersetzt, die bei Amerikanischer Faulbrut beim „Streichholztest“ lange Fäden zieht (AF).
- Zu Schorf eingetrocknete Brut (10) kann bei allen Krankheiten mit Ausnahme von Amerikanischer Faulbrut leicht entfernt werden (, AF).
- Offen gelassene Zellen (11) mit gesunden Puppen mit toten Nachkommen der Varroamilben können auf eine Varroatoleranz hinweisen (VV).

So wird's gemacht

- Brutwabe herausnehmen.
- Brutdeckel und Brut in den Zellen näher untersuchen ().

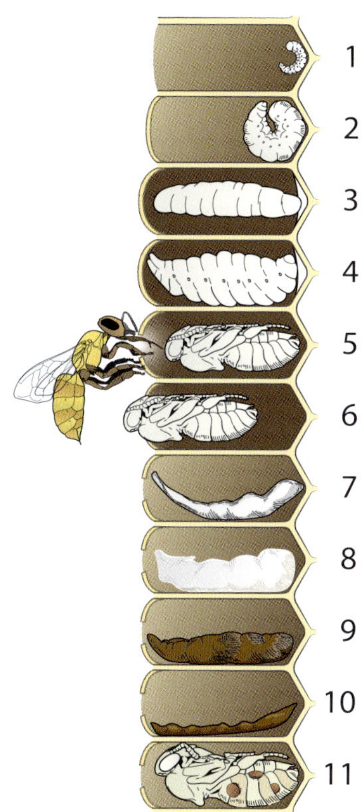

Zustand der Brut:

1 Junge Bienenlarve (4 Tage alt).
2 Ausgewachsene Larve (7 Tage alte „Rundmade").
3 Streckmade in verdeckelter Zelle.
4 Vorpuppe.
5 Puppe wird inspiziert.
6 Puppe wird entfernt.
7 Kurz nach dem Verdeckeln gestorbene Brut (EF und SB).
8 Verpilzte Brut (KB und ST).
9 Zersetzte Brut (AF).
10 Zu Schorf eingetrocknete Brut () und AF).
11 Geöffnete Zelle mit Puppe und Varroamilben (VV).

VERLUST DER KÖNIGIN

Das gilt allgemein

- Die Königin oder Weisel kann beim Bearbeiten des Bienenvolks, durch eine Behandlung mit einem Arzneimittel oder aufgrund einer Krankheit oder Altersschwäche verloren gehen (AA, AV, NO, AR, DF, AP, SK, BC).
- Wenn Bienenvölker die Königin verlieren (= weisellos werden), ist weniger bzw. keine Königinsubstanz mehr im Futterkreislauf.
- Die Bienen werden unruhig und verlieren den Zusammenhalt.
- Bei einigen Arbeiterinnen entwickeln sich die Ovarien („Afterweiseln").
- Sie legen ein oder mehrere unbefruchtete Eier an die Zellwand, aus denen sich in Arbeiterinnenbrutzellen kleine Drohnen entwickeln.
- Das Volk ist „drohnenbrütig".
- Die Arbeiterinnenzelle muss für die größeren Drohnen vergrößert bzw. die Zellwände müssen verlängert werden.
- Die Brutzellen ragen aus der Wabenfläche hervor („Buckelbrut").

Verlust der Königin: Die Königin ist anwesend, wenn nur jeweils ein Ei auf dem Zellboden abgelegt worden ist.

So wird's gemacht

- Bei der Durchsicht der Völker auf eine anwesende Königin achten.
- Zumindest im Spätsommer und Herbst auf vorhandene Königin oder Eier kontrollieren.
- Um den letzten Zeitpunkt der Anwesenheit der Königin zu erkennen, die Lage des am Boden der Zelle abgelegten Eis genau inspizieren:
  - Bei senkrechter Stellung: Ablage vor einem Tag,
  - Um 45° geneigt: Ablage vor zwei Tagen,
  - Am Boden liegend: Ablage vor drei Tagen.
- Zur besseren Überwinterung die Völker mit jüngeren Königinnen einwintern („umweiseln") (ZK).
- Königin mit Jahresfarbe markieren, um später ihr Alter zu erkennen.

Verlust der Königin: Aus den von Arbeiterinnen in Arbeiterzellen abgelegten unbefruchteten Eiern haben sich Drohnen entwickelt.

FUTTERMANGEL

Das gilt allgemein

- Ein ausgeraubtes Bienenvolk enthält nicht mehr genügend Futter für die eigene Versorgung (RV).
- Ein mit zu wenig Futter eingewintertes Volk hat besonders bei vermehrter Brutaufzucht zu wenig Futterreserven.
- Erkrankte Völker sind oft unruhiger und verbrauchen mehr Futter (AC, AP).
- Bei einer starken Varroa-Virus-Infektion wird das Futter schlecht eingelagert und eingelagertes schnell verbraucht (VV).
- Zu schwache Völker (weniger als 5000 Bienen) müssen sich bei Kälteeinbrüchen wegen des Wärmeverlusts zu stark zusammenziehen und verlieren den Kontakt zum Futter (SE).
- Für Bienen ungeeignetes Winterfutter mit z. B. einem ungünstigen Verhältnis von Glukose zu Fruktose kristallisiert aus.
- Bei einer späten Waldtracht mit Melezitose verhungern die überwinternden Bienen auf auskristallisiertem Futter.

Futtermangel: Bei einem verhungerten Volk findet man wenig Restbienen auf der Wabe.

So wirds gemacht

- Die Ursache für den Futtermangel ermitteln.
- Zur Vorbeuge:
  - Ausreichend Futter zum Winter verabreichen und besser im Frühjahr vor der ersten Tracht überschüssige Futterwaben entfernen.
  - Keine zu schwachen Völker einwintern, um Räuberei zu vermeiden (RV, SE).
  - Damit es nicht zu Räuberei kommt, abgestorbene Völker erkennen und die Fluglöcher schließen (RV).
  - Bei nicht ausreichender Wasserversorgung in der Nähe eine Wassertränke einrichten.
  - Völker im Winter mit Futter notversorgen, z. B. mit Honig füttern oder eingelagerte Futterwaben geben.
  - Frühzeitig einwintern, um das Überwintern auf mineralstoffhaltigem Futter von späten Waldtrachten zu verhindern.
  - Waben mit auskristallisiertem Futter vor dem Winter ersetzen.

Futtermangel: Die Bienen können im Winter auskristallisiertes Futter bei Wassermangel nur schwer auflösen.

VERKOTETE WABEN

Das gilt allgemein

- Bienen versuchen immer außerhalb des Nests abzukoten, um die Verbreitung von Krankheiten zu verhindern.
- Kot am Nesteingang abzusetzen, ist eher ungefährlich.
- Wenn die Bienen im Nest den Kot entfernen, nehmen sie beim Reinigen auch Krankheitserreger auf.
- Ungünstig zusammengesetztes Winterfutter (Verhältnis von Glukose/Fruktose) oder Zusatzstoffe verursachen häufig Durchfall (RU).
- Winterfutter mit hohem Anteil an mineralstoffhaltigem Waldhonig wird im Winter schlecht von den Bienen vertragen (RU).
- Parasiten wie bei Acarapisose, Nosemose und Amöbenruhr verursachen bei den Bienen Durchfall (AC, AR, NO).
- Der Kot der Larven des Kleinen Beutenkäfers fermentiert das Futter und macht es dünnflüssig (AT).

So wird's gemacht

- Verkotete Waben sofort aus dem Nest entfernen.
- Die Ursache von verkoteten Waben ermitteln.
- Zur Vorbeuge:
  - Bei späten Waldtrachten die Völker gleichzeitig mit dünnem Honigwasser (Zuckerwasser 1:1) füttern.
  - Waben mit Waldhonig entnehmen oder an den Rand hängen, damit die Bienen es erst im Frühjahr aufnehmen.
  - Bei durch Parasiten hervorgerufenem Durchfall den Bienen durch geeignete Bedingungen am Winterstandort frühe und häufige Reinigungsflüge zum Abkoten ermöglichen (SA).

Verkotete Waben: Mit Kot verschmierte Waben unbedingt aus den Völkern entnehmen.

Verkotete Waben: Die Ursache von an Durchfall eingegangenen Völkern genau analysieren.

TOTE BIENEN IN DER BEUTE

Das gilt allgemein

- Wenige tote Bienen am Beutenboden werden meist von den Bienen hinausgetragen.
- Bei Schlechtwetterperioden mit wenig Flugverkehr bleiben die toten BIenen am Beutenboden liegen (BT).
- Nach der Anwendung von Arzneimitteln können als Nebenwirkung tote Bienen auf dem Beutenboden liegen (AA).
- Wenn es vergiftete Bienen ins Volk zurückgeschafft haben, verenden sie meist dort (VG, VT).

So wird's gemacht

- Zahl der toten Bienen in der Beute beurteilen:
  - Im Bienenvolk sterben immer vereinzelt Bienen eines natürlichen Todes.
  - Viele tote Bienen treten vor allem bei einer Krankheit oder Vergiftung auf ().
- Tote Bienen aufmerksam betrachten:
  - Bei den meisten Krankheiten zeigen die toten Bienen keine besonderen Symptome.
  - Bei Chronischer Paralyse sterben viele haarlos erscheinende Bienen im Nest (CP).
  - Viele haarlose tote Bienen mit ausgestrecktem Rüssel treten bei einer Vergiftung auf (VG).

Totenfall in der Beute: Wenige tote Bienen am Beutenboden sind normal.

Totenfall in der Beute: Viele tote Bienen können auf eine Krankheit oder Vergiftung hinweisen.

BIENENLEERE BEUTEN

Das gilt allgemein

- Bienenleere Beuten können verschiedene Ursachen haben:
  - Das ganze Bienenvolk verlässt als Schwarm das Nest, bei extremem Futtermangel (Hungerschwärme) oder permanenten, massiven Störungen.
  - Bei der Varroa-Virus-Infektion verliert das Bienenvolk den Zusammenhalt und die Bienen die Orientierung, sodass sie das Nest verlassen und nicht mehr zurückfinden (VV, DF, AP).

So wird's gemacht

- Bienenleere Beute genauer untersuchen.
- Futtervorräte in den Waben überprüfen:
  - Kein Futter auf Waben mit intakten Zellen: Hungerschwarm oder massive Störung.
  - Kein Futter in Waben mit aufgerissenen, ausgefransten Zellen: Räuberei (RV).
  - Ausreichend Futter: Varroa-Virus-Infektion (VV).
  - Keine Restbrut: Hungerschwarm oder massive Störung.
  - Restbrut: Varroa-Virus-Infektion, Hungerschwarm oder massive Störung.
  - Größeres Brutnest: Varroa-Virus-Infektion (VV).
- Ursachen von bienenleeren Beuten vorbeugen:
  - Varroa-Virus-Infektion: Behandlungskonzept überdenken und Schwachstellen finden (VV).
  - Hungerschwärme: Futtervorräte häufiger kontrollieren und bei Bedarf füttern.
  - Störungen: plötzliche und wiederkehrende Störungen, insbesondere Erschütterungen, vermeiden.

Bienenleere Beuten: Volle Futterwaben in bienenleeren Beuten können bei Flugaktivität auch im Winter ausgeräubert werden.

Bienenleere Beuten: In aufgrund der Varroa-Virus-Infektion von den Bienen verlassenen Nestern findet man häufig ein vollständiges Brutnest mit lückiger Brut.

URSACHE VON WINTERVERLUSTEN ERMITTELN

Das sollte man wissen

- Im Winter kommt es bei Bienenvölkern am häufigsten zu Teil- oder Totalausfällen.
- Häufig geht die Königin verloren oder die Völker sind an Nosemose erkrankt (NO, VK).
- Am häufigsten kommt es aufgrund der Varroa-Virus-Infektion (Varroose) zu Verlusten im Spätherbst und Winter (VV).
- Die Symptome am Bienenvolk vermitteln einen ersten Eindruck über die Ursache.
- Genaue Analysen sind nur anhand von Laboruntersuchungen der Bienen und/oder Brut möglich.

So wird's gemacht

- Nesteingang genauer untersuchen (NS):
  - Kotspritzer können auf Krankheiten wie Nosemose und Ruhr hinweisen (NO, RU).
  - Verklebtes Futter findet man nach einer Räuberei (RV).
- Bienenvolk im Winter abhören und beim Öffnen der Beute auf Geräusche achten (NH):
  - Anhaltendes Brausen bzw. Heulen deutet auf eine fehlende Königin (= Weisellosigkeit) hin (VK).
- Die Volkstärke anhand der Gemüllstreifen auf der Bodeneinlage oder besetzten Wabengassen kontrollieren (GU):
  - Bei abgestorbenen Völkern findet man nur wenige oder keine Gemüllstreifen auf der Bodeneinlage.
  - Ein schwaches Volk erzeugt nur wenige Gemüllstreifen auf der Bodeneinlage (SE).
  - Auf den Waben bilden nur wenige Bienen um die Königin eine Traube.
- Die Bienen auf den Waben beobachten (ZB):
  - Weisellose Völker zeigen wenig Zusammenhalt (VK).
  - Die Bienen laufen unruhig auf den Waben und von den Waben ab (VK).

Winterverluste: Bei Durchfall aufgrund von Ruhr sind auch die Beutenwände mit Kot verschmiert.

Winterverluste: Bei bienenleeren Kästen mit Brut und viel Futter haben meist alle Bienen aufgrund der Varroa-Virus-Infektion das Nest verlassen.

- Die Waben auf vorhandene Brut kontrollieren (ZB 🔍):
  - Bienen stecken mit dem Kopf voran in der Wabenzelle (FM 🔍).
  - Waben sind beim Herausziehen auffällig leicht (FM 🔍).
  - Zwischen toten Bienen und Futter befinden sich viele leere Zellen (FM 🔍).
  - Das Futter ist in den Zellen auskristallisiert (FM 🔍, RU 🐝).
  - In drohnenbrütigen Völkern sind die Brutzellen unregelmäßig verteilt mit aus der Wabe herausragenden Zellwänden (VK 🔍).
  - Aus der Wabe herausragende offene Zellen können die Kleine Wachsmotte als Ursache haben (KW 🐝).
- Bei Kotspuren am Flugloch auch das Nest innen auf Ablagerungen von Kot untersuchen (NS 🔍):
  - Flächige Kotspuren treten bei Durchfall wegen ungeeignetem Winterfutter, z. B. mineralstoffhaltigen Waldhonigen, oder ungeeignetem Winterfutter auf (RU 🐝).
  - Gelber Kot kann Amöbenruhr als Ursache haben (AR 🐝).
  - An Nosema apis erkrankte Bienen geben bei Durchfall den Kot kurz nacheinander in kleinen Tröpfchen ab (NO 🐝).
- Scheinbar „bienenleere" Beute besonders genau auf mögliche lebende oder tote Bienen sowie Brut untersuchen (BL 🔍, WV 🔍):
  - Sind keine Bienen, aber viel Futter und Brut vorhanden, ist in der Regel die Varroa-Virus-Infektion die Ursache (VV ⬡).
  - Auch wenige lebende Bienen mit Königin können die Varroa-Virus-Infektion als Ursache haben (VV ⬡).
  - Bienen mit missgebildeten Flügeln und/oder verkürztem Hinterleib treten im Frühling bei Verkühlung und im Spätsommer und Herbst bei Varroose auf (DF ⬡).
  - Die Restbrut weist häufig einen hohen Varroa-Befall auf (VV ⬡).

Winterverluste: Bei der Suche nach Futter sterben die Bienen oft kopfüber in den Zellen.

Winterverluste: Verhungerte Bienen verschimmeln nach kurzer Zeit.

PROBEN ENTNEHMEN UND VERSENDEN

ENTNAHME VON PROBEN: BIENENBRUT

Das gilt allgemein

- Krankheiten der Brut kann man oft schon am äußeren Erscheinungsbild (klinische Symptome) erkennen ().
- Bei Verdacht des Ausbruchs einer anzeigepflichtigen Krankheit (Amerikanische Faulbrut, Befall mit dem Kleinen Beutenkäfer oder der Tropilaelapsmilbe sowie in der Schweiz Europäische Faulbrut) muss der Verdacht angezeigt und der Befund immer von einer amtlichen Stelle bestätigt werden (AF, AT, TL, EF in CH).

So wird's gemacht

- Bei vermutetem Ausbruch von Faulbrut die verdächtige Brutwabe zur Absicherung in ein anerkanntes Labor einsenden.
- Die Wabe in Zeitungspapier einwickeln, damit die Struktur der Zelldeckel bzw. Zellen von erkrankter Brut erhalten bleibt.
- Die eingewickelte Wabe in eine Plastiktüte geben, damit während des Transports kein Futter ausläuft.
- Die Probe mit Volknummer, Standort und Namen der Imkerin bzw. des Imkers sowie dem Datum der Entnahme beschriften (PS).
- Die Wabe, ohne zu pressen, in einem ausreichend großen Karton verpacken.

- Einen Begleitzettel mit einem kleinen Vorbericht und weiteren Angaben beifügen (PS).

Brutproben: Damit die Struktur der Zelldeckel erhalten bleibt, Brutwabe in Zeitungspapier einwickeln.

Brutproben: Verpackte Wabe in Plastiktüte vor Auslaufen des Futters schützen.

Brutproben: Für den Versand die verpackte Wabe nicht zu fest in einen Karton geben.

ENTNAHME VON PROBEN: ERWACHSENE BIENEN

Das gilt allgemein

- Krankheiten der erwachsenen Bienen kann man nur selten am äußeren Erscheinungsbild (klinische Symptome) oder dem Verhalten erkennen ().
- Lebende Bienen müssen vor dem Versand, am besten durch Einfrieren, abgetötet werden.
- Die Proben sollten luftig verpackt werden, damit sie auf dem Transport bzw. während der Lagerung nicht schimmeln.
- In der gesamten EU muss der Verdacht des Befalls mit dem Kleinen Beutenkäfer der zuständigen amtlichen Stelle angezeigt werden (AT).
- Bei Verdacht des Ausbruchs einer anzeigepflichtigen Krankheit muss der Befund immer von einer amtlichen Stelle bestätigt werden.

So wird's gemacht

- Den Verdacht des Ausbruchs einer anzeigepflichtigen Krankheit anzeigen.
- Tote Bienen vom Beutenboden oder vor dem Flugloch aufsammeln.
- Lebende Bienen in eine Plastiktüte oder „Probenbecher" füllen und vor dem Versand durch Einfrieren abtöten.
- Die toten bzw. abgetöteten Bienen luftig in eine Papiertüte füllen.
- Die Proben in einen ausreichend großen Karton geben.
- Die Probe mit Volknummer, Standort und Namen der Imkerin bzw. des Imkers sowie dem Datum der Entnahme beschriften (PS).
- Einen Begleitzettel mit einem kleinen Vorbericht und weiteren Angaben beifügen (PS).

Bienenproben: Tote Bienen am Beutenboden oder vor Flugloch in einem Karton aufsammeln.

Bienenproben: Zur Entnahme einer Bienenprobe die Bienen auf eine Unterlage abstoßen.

Bienenproben: Zum Abtöten Bienen in einen Becher oder Plastiktüte füllen.

ENTNAHME VON PROBEN: FUTTERKRANZ

Das gilt allgemein

- Die Amerikanische Faulbrut kann anhand von Futterkranzproben früh und sogar vor Ausbruch der Krankheit erkannt werden (AF).
- Die Sporen als Dauerform des Erregers findet man vor allem im Futterkranz um die Brut herum.
- Die Futterkranzprobe muss von Waben mit gedeckelter Brut und verdeckeltem Futter entnommen werden, da die Bienen die Brut im Larvenstadium mit Futter aus der direkten Umgebung versorgt haben.
- Wenn die brutpflegenden Bienen erkrankte Brut entfernen, kontaminieren sie das in der Nähe eingelagerte Futter.
- Die Identifizierung und die Bestimmung der Zahl der Krankheitskeime können nur in einem Labor erfolgen.

So wird's gemacht

- Eine Wabe mit überwiegend gedeckelter Brut und verdeckeltem Futter entnehmen.
- Futterprobe mit einem Holzspatel oder einem sauberen Löffel entnehmen.
- Bei einer Untersuchung auf Amerikanische Faulbrut mindestens 5 g, besser 10 g und mehr in einen Kunststoffbecher (Becher für Urinproben) füllen.
- Das Probengefäß mit Volknummer, Standort und Namen der Imkerin bzw. des Imkers sowie dem Datum der Entnahme beschriften (PS).
- Einen Begleitzettel mit einem kleinen Vorbericht und weiteren wichtigen Angaben beifügen (PS).

Futterkranzprobe: Eine Wabe mit gedeckelter Brut und verdeckeltem Futter entnehmen.

Futterkranzprobe: Futterprobe vom Futterkranz mit Hilfe eines Holzspatels entnehmen.

Futterkranzprobe: Für die Untersuchung mindestens 5 g Futter in den Becher füllen.

ENTNAHME VON PROBEN: GEMÜLL

Das gilt allgemein

- Im Gemüll können Parasiten und Krankheitserreger gefunden werden (AF, KB, VV, TL, AT, BC, GW, KW).
- Am einfachsten lassen sich Gemüllproben auf einer Einlage auf dem Bodenschieber sammeln.
- Über der Einlage muss ein Gitter angebracht sein, damit die Bienen den Boden nicht reinigen.
- Die Einlage muss mit Fett oder Öl versehen sein, damit Ameisen und andere Insekten das Gemüll oder Teile daraus nicht entfernen.
- Um eine möglichst genaue Diagnose machen zu können, sollte man die Einlage nicht zu kurz, aber wegen der Menge des anfallenden Gemülls auch nicht zu lange im Volk lassen.
- Im Winter kann das Gemüll zur Untersuchung auf Sporen des Erregers der Amerikanischen Faulbrut mit Hilfe der „Prager Platte" gezielt und sicher gesammelt werden (AF).
- Bei anzeigepflichtigen Krankheiten muss die Untersuchung des Gemülls von einer amtlichen Stelle durchgeführt werden.
- Zurzeit wird nur ein positiver, aber kein negativer Befund bei der amtlichen Untersuchung des Gemülls auf Faulbrutsporen in Deutschland anerkannt.
- In der gesamten EU müssen die Amerikanische Faulbrut, der Kleine Beutenkäfer und die Tropilaelapsmilbe sowie in der Schweiz die Europäische Faulbrut einer amtlichen Stelle angezeigt werden (AF, AT, TL, EF in CH).

So wird's gemacht

- Die Bodeneinlage mit Melkfett bestreichen, mit Speiseöl besprühen oder darin eintauchen.
- Die Bodeneinlage für mindestens drei Tage, aber nicht länger als sieben Tage im Volk belassen.

- Die Probe mit Volknummer, Standort und Namen der Imkerin bzw. des Imkers sowie dem Datum der Entnahme beschriften (PS).
- Einen Begleitzettel mit einem kleinen Vorbericht und weiteren wichtigen Angaben beifügen (PS).
- Im Winter Gemüll mit einer für 7 Tage eingelegten „Prager Platte“ sammeln (AF).
- Prager Platte in beschrifteten Briefumschlag an Untersuchungsstelle senden.

Gemüll: Im unter dem Bienennest gesammelten Gemüll findet man neben Wachsresten und Bienenteilen auch Parasiten.

Gemüll: Anhand des natürlichen Abfalls der Varroamilben festlegen, wann welche Maßnahmen gegen die Varroa-Virus-Infektion durchgeführt werden müssen.

Gemüll: In dem über mehrere Tage mit Hilfe der „Prager Platte“ sicher gesammelten Gemüll können im Labor die Sporen des Erregers der Amerikanischen Faulbrut festgestellt werden.

ENTNAHME VON PROBEN: KÄFER (KLEINER BEUTEN-KÄFER)

Das gilt allgemein

- In der gesamten EU und der Schweiz muss der Verdacht des Befalls mit dem Kleinen Beutenkäfer einer amtlichen Stelle angezeigt werden (AT).
- Bei anzeigepflichtigen Krankheiten muss die Identifizierung des Parasiten oder Schädlings von einer amtlichen Stelle durchgeführt werden.
- Der Kleine Beutenkäfer versucht den Angriffen der Bienen in Verstecken, vor allem am Boden, auszuweichen (AT).
- Man kann den Kleinen Beutenkäfer in speziellen Doppelstegstreifen aus Kunststoff (510 x 75 x 4mm) fangen, in die zwar der Käfer, aber nicht die Bienen eindringen können.

So wird's gemacht

- Auffällige, dem Kleinen Beutenkäfer ähnliche Käfer im Gemüll suchen und bei Verdacht diese einsenden (PG, AT).
- Kleine Doppelstegplatten am Beutenboden einschieben.
- Die Falle nach ein bis zwei Tagen ziehen.
- Die Falle seitlich in ein Gefäß mit durch einige Tropfen Spülmittel entspanntes Wasser klopfen.
- Den Inhalt der Wanne filtern.
- Die Probe (Filter) mit Volknummer, Standort und Namen der Imkerin bzw. des Imkers sowie das Datum der Entnahme beschriften (PS)
- Den Filter kurz einfrieren und an eine Untersuchungsstelle schicken.
- Einen Begleitzettel mit einem kleinen Vorbericht und weiteren wichtigen Angaben beifügen (PS).

Kleiner Beutenkäfer: Käfer mit Hilfe einer eingeschobenen Stegplatte am Beutenboden abfangen.

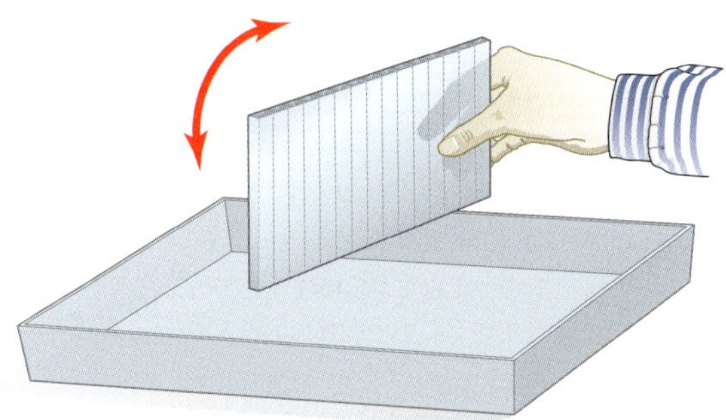

Kleiner Beutenkäfer: Entnommene Stegplatte seitlich über einer mit Wasser und einem Tropfen Spülmittel gefüllten Wanne ausklopfen.

Kleiner Beutenkäfer: Über einen Kaffeefilter den Inhalt der Wanne filtern.

BESCHRIFTUNG UND VERSAND DER PROBEN

Das gilt allgemein

- In einem Labor gehen täglich viele Proben ein, deshalb muss die Probe immer eindeutig zugeordnet werden können.
- Die Proben müssen so beschriftet sein, dass man sie einem bestimmten Volk und Standort sowie der Imkerin bzw. dem Imker zuordnen kann.
- In einem Vorbericht werden die wichtigsten Daten und Beobachtungen übermittelt.
- Jeder Einsendung muss ein formloser Antrag auf Untersuchung beigefügt sein.
- Die Höhe und eventuelle Übernahme der Untersuchungskosten sollten vorab geklärt werden.

So wird's gemacht

- Proben beschriften:
  - Name der Imkerin bzw. des Imkers.
  - Nummer oder Kennzeichnung des Bienenvolkes.
  - Standort der Bienenvölker (Kurzbezeichnung).
  - Datum der Probennahme.
- Begleitschreiben ausfüllen:
  - Anschrift mit Telefonnummer der Imkerin bzw. des Imkers.
  - Grund der Einsendung.
  - Erstes Auftreten der Erscheinungen.
  - Tag der Probennahme.
  - Verhalten der Bienen (optional).
  - Sonstige besondere Beobachtungen.
  - Standort der Völker (wenn möglich mit GPS-Angaben).
  - Zahl der verdächtigen oder erkrankten Völker am Standort.
  - Zahl weiterer Bienenstände im Betrieb (optional).
  - Gesamtzahl der Völker im Betrieb (optional).
  - „Ich bitte, die Proben auf Krankheiten zu untersuchen".
  - „Bitte teilen Sie mir vorab die für mich entstehenden Kosten mit" (optional).

Beschriftung Probe: Die Probe muss mindestens mit dem Namen der Imkerin bzw. des Imkers, dem Standort, der Volknummer und dem Tag der Probennahme beschriftet sein.

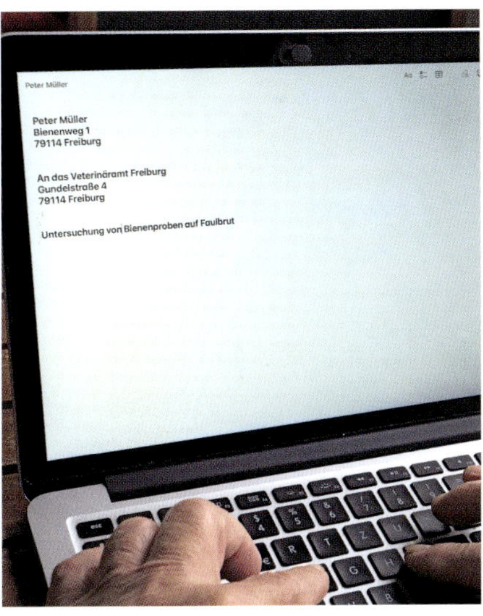

Versand Probe: Im Beipackzettel alle wichtigen Angaben zu Ablauf, Betrieb und Beobachtungen aufführen.

Beschriftung Probe: Bei kleinen Proben, wie dem Kaffeefilter für die Untersuchung auf den Kleinen Beutenkäfer, reicht der Name, die Volknummer und das Datum der Probenname.

PROBEN ZUR UNTERSUCHUNG AUF VERGIFTUNG

Das gilt allgemein

- Bei einer Vergiftung ist die Beweisführung für die spätere Schadensregulierung entscheidend (VG).
- Die richtige Probenentnahme und genaue Dokumentation des Schadens sind wichtig.
- Bei der Schadensaufnahme und Probennahme müssen unabhängige Zeugen anwesend sein.
- Der Pflanzenschutzdienst wird 100 g verdächtiges Pflanzenmaterial entnehmen und getrennt von der Bienenprobe einsenden.
- Beim Ablauf die Bestimmungen des jeweiligen Bundeslandes beachten.
- Die Proben müssen immer getrennt verpackt werden.
- Damit die Bienenproben nicht schimmeln, müssen sie in einem luftdurchlässigen Behälter verpackt werden.
- Informationen zur Probennahme, Kontaktadressen der Pflanzenschutzämter sowie Antrag zur Untersuchung in Deutschland beim Julius-Kühn-Institut (www.bienenuntersuchung.julius-kuehn.de), in Österreich bei der AGES-Wien (www.ages.at) und in der Schweiz beim Bienengesundheitsdienst (www.bienen.ch).

So wird's gemacht

- Unabhängige Zeugin oder Zeugen wie Bienensachverständige hinzuziehen.
- Die zuständige Behörde (z. B. Pflanzenschutzdienst, Veterinäramt) über den Schaden benachrichtigen.
- Im Notfall die Polizei einschalten.
- Den Schaden mit Hilfe von Fotos zusätzlich dokumentieren.
- Bis zum Abschluss der Schadensaufnahme am Stand nichts verändern und keine toten Bienen oder Völker entfernen.
- Die Proben möglichst innerhalb von 24 Stunden entnehmen.
- 1000 möglichst frisch abgestorbene Bienen einsammeln (entspricht etwa 100 g bzw. 0,5 Liter).

- Bienenprobe in einem luftdurchlässigen Behälter (z. B. Pappkarton) verpacken.
- Jede Probe mit Namen und Datum kennzeichnen.
- 100 g verdächtiges Pflanzenmaterial, wenn nicht anders vorgegeben, vom Pflanzenschutzdienst nehmen lassen.
- Pflanzenproben wasserdicht verpacken (z. B. Gefrierbeutel).
- Jede Probe mit Namen und Datum kennzeichnen.
- Bei der Entnahme und Verpackung jeder Probe immer neue Einmalhandschuhe verwenden oder zumindest die Hände gründlich waschen.
- Vor oder am Wochenende Proben im Kühlschrank maximal drei Tage zwischenlagern.
- Alle Proben getrennt verpacken und eindeutig beschriften.
- Antrag auf Untersuchung den Proben beilegen (Hinweise und Vorlage siehe oben).

Probe bei Vergiftung: Im Formular der Untersuchungsstelle (hier JKI für Deutschland) werden alle wichtigen Angaben gemacht.

Probe bei Vergiftung: Tote Bienen am Stand möglichst bald mit Einmalhandschuhen in Karton einsammeln.

Probe bei Vergiftung: Bienen und Pflanzenproben unbedingt getrennt versenden.

Äußerliche verändert erscheinende erwachsene Bienen können von verschiedenen Krankheiten betroffen sein. Oft sind die Ursachen Verdauungsstörungen, bei denen die Bienen den Kot im Nest oder direkt am Flugloch absetzen. Aber auch Schädlinge wie andere Insekten setzen den Bienen zu. Nicht zuletzt können die Bienen durch Pflanzenschutzmittel, Umweltgifte, aber auch natürliche Trachten vergiftet worden sein.

AUFFÄLLIG-KEITEN BEI ERWACHSENEN BIENEN

KRANKHEITEN DER ERWACHSENEN BIENEN

ACARAPISOSE

Diagnose:

- Vor dem Bienenvolk:
  - Im Winter fliegen Bienen trotz niedriger Temperaturen aus (NF 🔍).
  - Im Winter und Frühling tritt erhöhter Totenfall auf (NT 🔍).
  - Am Boden vor Nesteingang krabbeln und hüpfen einzelne Bienen (NA 🔍).
  - Bienen haben vereinzelt auffällig gespreizte Flügel.
- Im Bienenvolk:
  - Bienen sind sehr unruhig (NH 🔍).
  - Bienenvölker brüten auch im Winter auffällig stark.
  - Braune Kotflecken auf Waben zeigen Durchfall an (WK 🔍).
  - Einzelne Bienen haben eine asymmetrische Flügelstellung.
- Eindeutige Diagnose ist nur im Labor mit mikroskopischen Methoden möglich.

Verwechslung:

- Acarapismilben:
  - Andere Arten von Acarapismilben halten sich auf Bienen auf und saugen Hämolymphe, aber ohne das typische Schadbild der Tracheenmilbe *Acarapis woodi*.

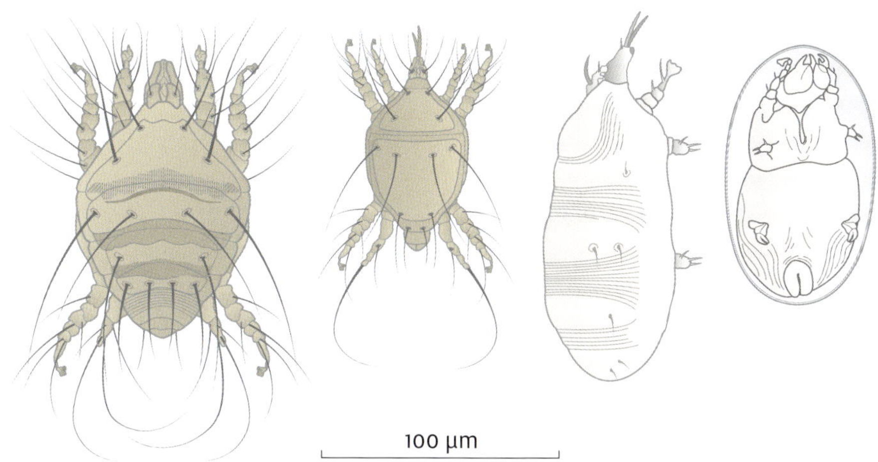

Acarapis woodi: (Von links nach rechts) Adultes Weibchen und Männchen, Larve, Larve im Chorion.

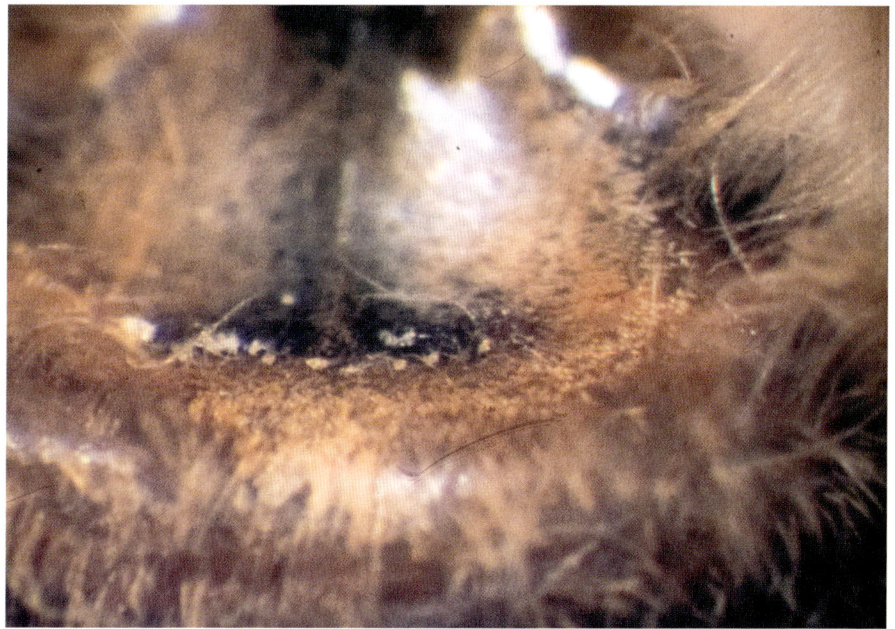

Acarapis externus: Andere Acarapis-Arten parasitieren zwischen Brust und Hinterleib.

- Bienen krabbeln vor dem Nesteingang auch bei:
  - Nosemose (NO).
  - anderen Krankheiten ().
  - Vergiftungen (VG).

Ursache:

- Milbe: *Acarapis woodi* (Tracheenmilbe).
- Die Tracheenmilbe parasitiert in den Luftröhren (Tracheen) der Bienen.
- Wenn der erste Tracheenast durch Milben und Kot verstopft ist, wird die Biene flugunfähig.

Ausbreitung:

- Im Bienenvolk:
  - Vermehrung ist nur in langlebigen Arbeiterinnen, vorzugsweise Winterbienen, möglich.
  - Milben wechseln zwischen den Flugbienen in der Winterruhe und in längeren flugfreien Perioden.
- Zwischen den Bienenvölkern:
  - Bienen und Drohnen verfliegen sich.
  - Völker werden an einen anderen Platz gebracht.

Bekämpfung:

- Selbstheilung durch frühe Ausflüge und Abgang von befallenen Bienen ermöglichen (SA).
- Nebenwirkung von Arzneimitteln mit den Wirkstoffen Ameisensäure und Thymol bei der Behandlung der Varroose nutzen (AV).
- Abgang von befallenen Bienen mit einem erhöhtem Brutumsatz erhöhen oder Flugbienen entfernen (SF).
- Brutumsatz durch Anwandern von Standorten mit ausreichendem Pollenangebot anregen.

Vorbeugung:

- Frühes Überaltern der Bienen im Spätsommer durch guten Bienenumsatz verhindern (SA).
- Geeigneter Überwinterungsstandort mit frühen Ausflügen und erleichtertem Abgang von befallenen Bienen auswählen (SA).
- Rückkehr von parasitierten Bienen ins Nest verhindern (SV).

- Ausstiegshilfen am Flugloch im Winter und Frühjahr entfernen (SV).
- Bienenbeuten nicht am Boden, sondern erhöht auf einem Bock stellen (SV).

Acarapis woodi: Ein befallener Tracheenast aus dem Thorax erscheint dunkel.

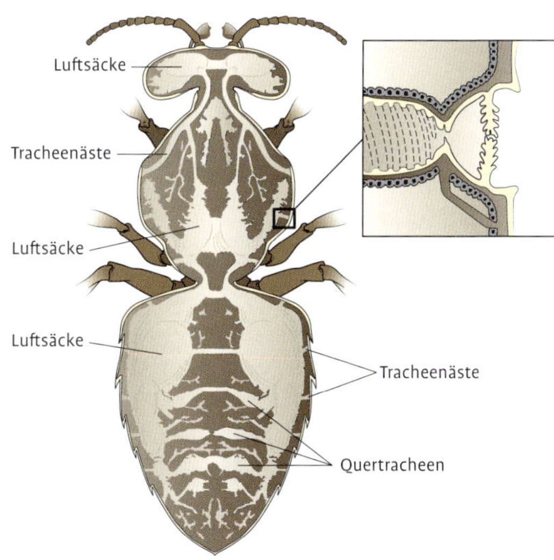

Acarapis woodi: Das Atmungssystem der Honigbiene besteht aus Luftsäcken und Luftröhren, die auf jeder Körperseite nach außen in zehn Atemöffnungen enden. Vergrößert dargestellt: die zweite Atemöffnung. Die Reuse im Stigma verhindert, dass Fremdkörper in die Trachee eindringen. Bei jungen Bienen können die Tracheenmilben hier eindringen. Die Luftröhren sind durch Spiralfäden verstärkt.

NOSEMOSE UND AMÖBENRUHR

Diagnose:

- Vor dem Bienenvolk:
  - Kleine braune Kotflecken in Pünktchenketten am Nesteingang weisen auf Nosemose hin (NS).
  - Bei Amöbenruhr treten große, gelbe Kotflecken am Nesteingang auf (NS).
  - Honigbienen krabbeln im Frühjahr bei Nosemose und Amöbenruhr und bei Nosemose mit *Nosema ceranae* im Sommer am Boden vor dem Nesteingang (NF, NT).
- Im Bienenvolk:
  - Auf den Waben findet man braune (Nosemose) und/oder gelbe Kotflecken (Amöbenruhr) (WK)
  - Die Völker entwickeln sich nur schleppend (Nosemose) (ZB, VK).
- Eindeutige Diagnose:
  - Mit Hilfe einer Darmprobe kann man direkt am Stand den Verdacht auf Nosemose eingrenzen.
  - Im Labor können Nosema und Amöbenruhr mikroskopisch festgestellt werden.
  - Unterscheidung von *N. apis* und *N. ceranae* ist nur im Labor molekulargenetisch (PCR) möglich.

Verwechslung:

- Bei Ruhr kommt es ebenfalls durch Verdauungsstörungen zu großen braunen Kotspritzern (RU).
- Auch bei anderen Krankheiten () und Vergiftungen (VG) krabbeln Bienen vor dem Nesteingang.

Ursache:

- Nosemose
  - Pilze: *Nosema apis* und/oder *Nosema ceranae*.
  - *N. apis* war bisher in Europa verbreitet und wurde vor allem in wärmeren Regionen durch die seit etwa 2003 eingeschleppte *N. ceranae* verdrängt.

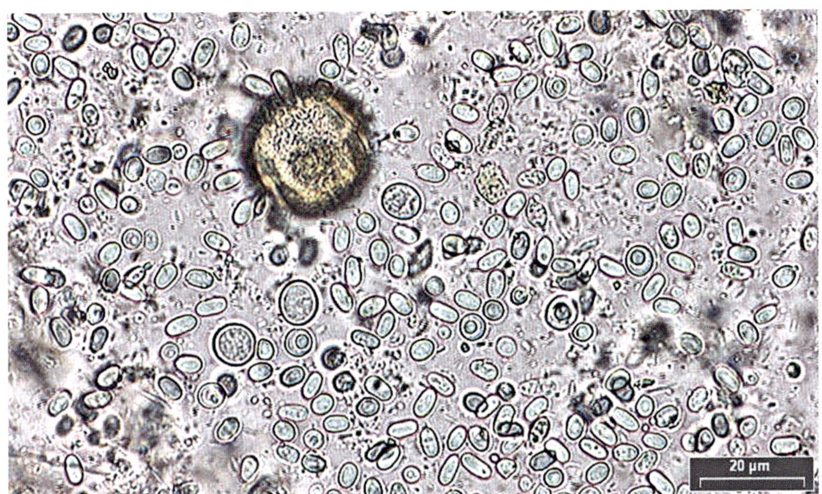

Amöbenruhr und Nosemose: Im Quetschpräparat kann man die ovalen Nosemasporen von den runden Malpighamoeba-Zysten der Amöbenruhr unterscheiden.

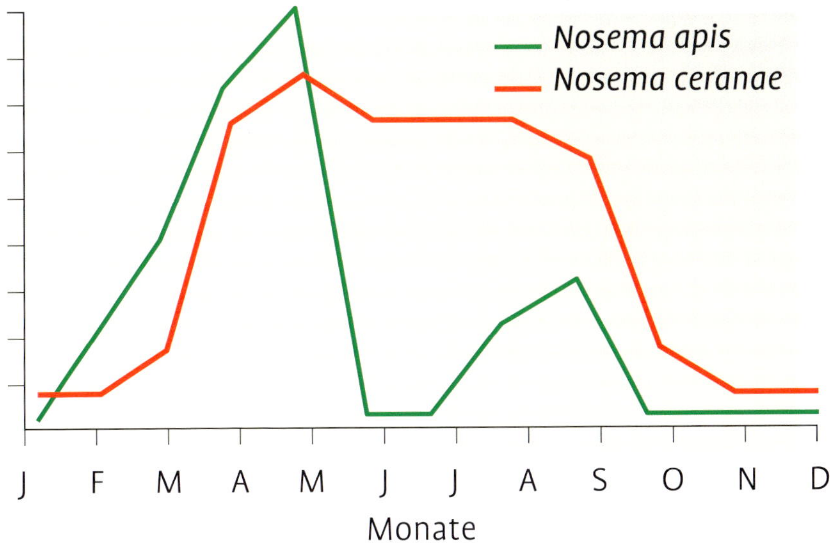

Nosemose: *Nosema apis* kann sich im Gegensatz zu *Nosema ceranae* nur in langlebigen Bienen vermehren und ihr Befall erreicht daher im Frühjahr und Herbst einen Höhepunkt.

   - Begleitende Viren: Deformierte-Flügel-Virus (DF), Akutes-Bienenparalyse-Virus (AP) u. a.
   - Vermehrt sich bevorzugt im Darm und behindert die Aufarbeitung von Proteinen.
- Amöbenruhr
   - Amöbe: *Malpighamoeba mellificae*.
   - Amöbenruhr tritt meist zusammen mit Nosemose auf.
   - Der Amöbe vermehrt sich in den Malpighischen Gefäßen (Nierenkanälchen) und verstopft sie.

Ausbreitung:

- Im Bienenvolk:
   - *N. apis* wird von den Bienen beim Entfernen der Exkremente aufgenommen.
   - *N. ceranae* wird vornehmlich über Futteraustausch zwischen den Bienen weitergegeben.
- Zwischen den Bienenvölkern:
   - Bienen und Drohnen verfliegen sich.
   - Mit Pilzsporen kontaminierte Waben werden weitergegeben.
   - Infizierte Völker werden verstellt oder verkauft.

Bekämpfung:

- Brutumsatz durch Anwandern von Standorten mit ausreichendem Pollenangebot anregen (SA).
- Infektionsquellen wie alte Waben ausschließen (DW).
- Alte Bienen durch Bildung eines Brutablegers im „Flugling“ absondern (VE, SF).
- Zurzeit sind in der Europäischen Union keine spezifischen Medikamente gegen Nosemose und Amöbenruhr zugelassen AA.
- Pflanzenextrakte und andere „Stärkungsmittel“ sollen Bienen widerstandsfähiger machen.
- Beuten und Waben mit 60%iger Essigsäure desinfizieren (DG, DW).
- *N. ceranae*-Sporen auf Waben durch Durchfrieren der Vorratswaben abtöten (DW, DH).

Vorbeugung:

- Nosemasporen sind nahezu überall verbreitet.
- Typische Faktoren wie überalterte Bienen, geringer Brutumsatz und lange Weisellosigkeit vermeiden.
- Geeigneten Überwinterungsplatz mit frühen und häufigen Reinigungsflügen wählen (SA).
- An Nesteingängen im Winter und Frühjahr keine Aufstiegshilfen verwenden (SV).
- Regelmäßig alte, vormals bebrütete Waben erneuern.
- Varroa-Virus-Infektion rechtzeitig bekämpfen (VV).
- Wegen des Einflusses von Pestiziden Flächen mit intensiver Landwirtschaft im Flugkreis der Bienen meiden (VG).

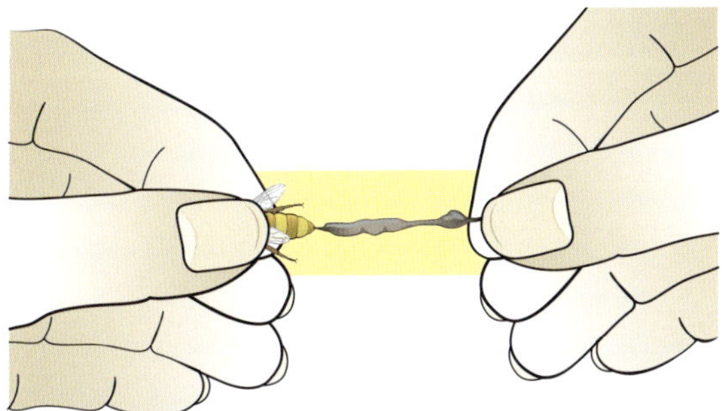

Nosemose: Die Biene an der einen Seite festhalten und an der anderen den letzten Hinterleibsring mit dem Darm vorsichtig herausziehen.

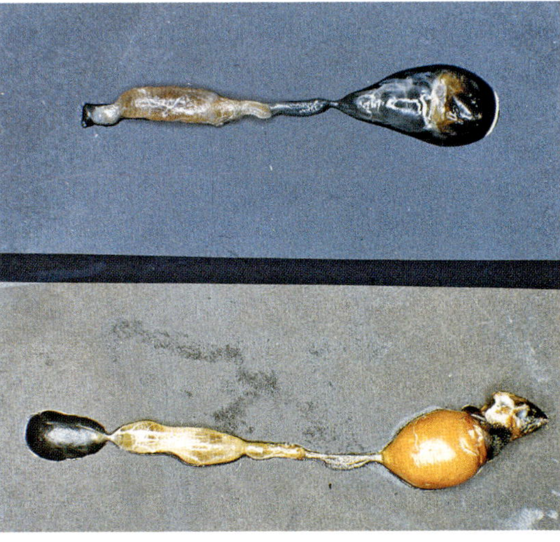

Nosemose: Der mit Nosema infizierte Darm unten unterscheidet sich farblich vom gesunden oben.

NICHTANSTECKENDE SCHWARZSUCHT

Diagnose:

- Vor dem Bienenvolk:
  - Am Nesteingang kämpfen Wächterbienen mit dunkel glänzenden Bienen (NA).
  - Am Boden vor Nesteingang hüpfen und krabbeln dunkle haarlos erscheinende Bienen (NT).
- Im Bienenvolk:
  - Bei der erblichen Form schlüpfen schwarze Bienen aus den Brutzellen (ZB).
- Im Gegensatz zur ansteckenden Schwarzsucht (CP) sind bei der erblichen Form vor allem Jungbienen und bei der Waldtrachtkrankheit vor allem Flugbienen infiziert.
- Die erbliche Form tritt das ganze Jahr über und ernährungsbedingte während oder nach einer intensiven Waldtracht auf.
- Eindeutige Diagnose ist nur im Labor molekulargenetisch (PCR), insbesondere zur Abgrenzung gegen Chronische Bienenparalyse möglich (CP).

Verwechslung:

- Die Bienen verlieren im Alter und bei einer Räuberei einen Teil ihrer Haare (RV).
- Schwarze, haarlos erscheinende Bienen treten auch bei Chronischer Bienenparalyse (CP) und Vergiftungen (VG) auf.

Ursache:

- Waldtrachtkrankheit oder erbliche Form.
- Bei der Waldtrachtkrankheit verlieren die Bienen aufgrund des hohen Mineralstoffgehalts der Nahrung und der schlechten Versorgung mit Pollen ihre Haare und werden kurzlebig.
- Die erbliche Form ist genetisch bedingt und auf eine Fehlentwicklung zurückzuführen.

Ausbreitung:

- Im Bienenvolk:
  - Das Futter wird zwischen allen Bienen im Volk ausgetauscht.
- Zwischen den Bienenvölkern:
  - Bei Waldtrachtkrankheit sind meist alle Bienenvölker eines Standes betroffen.
  - Erbliche Form tritt nur bei einzelnen Zuchtlinien auf.

Bekämpfung:

- Bei der erblichen Form Königin auswechseln (ZK).
- Bei Waldtrachtkrankheit die Völker mit Blütenhonig versorgen oder sofort aus Waldtracht abwandern.

Vorbeugung:

- Wiederholt auffällige Standorte nicht erneut anwandern (SA).
- Widerstandsfähige Linien auswählen (ZK).

Nicht ansteckende Schwarzsucht: Der sehr hohe Gehalt an Mineralstoffen in dem von den Läusen abgegebenen Baumsäften wird von den Bienen schlecht vertragen.

Nicht ansteckende Schwarzsucht: Schwarz erscheinende Bienen sterben wie bei Chronischer Paralyse vor dem Flugloch.

RUHR (DURCHFALL)

Diagnose:

- Vor dem Bienenvolk:
  - Am Nesteingang haben die Bienen in großen, braunen Flecken abgekotet (NS).
  - Bienen am Nesteingang sind unruhig und auch bei niedrigen Temperauren aktiv. (NF).
- Im Bienenvolk:
  - Breiiger Kot ist in großen, braunen Flecken auf Waben und Beutenwänden verspritzt (WK, GU, ZB).
- Die Erscheinungen treten überwiegend im Winter auf.
- Eindeutige Diagnose:
  - Mit Hilfe einer Darmprobe kann noch am Bienenvolk gegenüber Nosemose abgegrenzt werden (NO).
  - Der Erreger der Nosemose kann im Labor mikroskopisch eindeutig ausgeschlossen werden (NO).

Verwechslung:

- Bei Nosemose treten ähnliche Erscheinungen auf, allerdings wird der Kot häufiger in typischen Pünktchenketten abgegeben (NS, NO).
- Vor dem Nesteingang krabbelnde Bienen kommen auch bei anderen Krankheiten () und Vergiftungen (VG) vor.

Ursache:

- Winterfutter ist wegen des hohen Mineralstoffanteils der späten Waldtracht ungeeignet.
- Winterfutter kristallisiert bei hohem Anteil von Melezitose oder einem ungünstigen Verhältnis von Fruktose/Glukose aus.
- Bei häufigen oder massiven Störungen durch Menschen und Tiere wie dem Specht oder einer im Bienenkasten nistenden Maus werden die Bienen unruhig und bekommen Durchfall.

Ausbreitung:

- Im Bienenvolk wird das ungünstige Futter von den Bienen weitergegeben.
- Bei Trachten mit viel Melezitose sind meist alle Völker eines Standes betroffen.

Bekämpfung:

- Selbstheilung ist durch frühe und häufige Reinigungsflüge möglich (SA).
- Bienenvölker eng halten (NE).
- Bienenvolk in desinfizierte Beute und Waben umsetzen (DG).
- Beuten und Waben mit 60%iger Essigsäure desinfizieren (DW).

Vorbeugung:

- Rechtzeitig Mäuseschutz am Flugloch anbringen.
- Späte Waldtrachten durch Wahl des Standortes ausschließen (SA).
- Bei späten Waldtrachten Futterwaben austauschen oder an den Rand hängen.
- Vorsichtig mit Zusätzen wie Tees zum Winterfutter umgehen.
- Nur entsprechend für Bienen gekennzeichnetes Winterfutter verwenden.

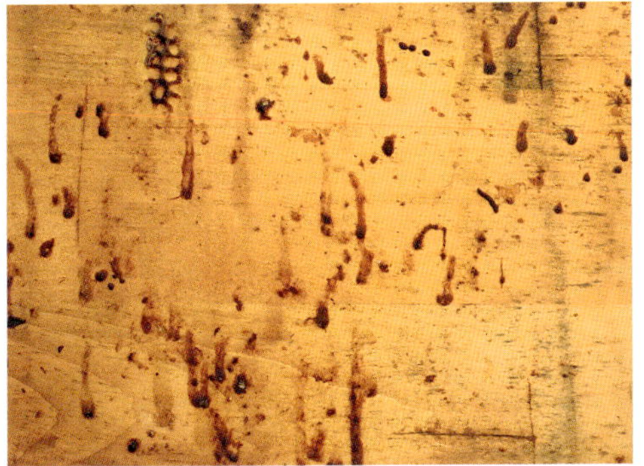

Ruhr: Breite Kotflecken und Spritzer sind typisch.

Ruhr: Ungeeignetes oder melezitosehaltiges Futter kristallisiert häufig aus und führt zu Durchfall.

MAIKRANKHEIT

Diagnose:

- Vor dem Bienenvolk:
  - Am Boden vor Nesteingang krabbeln vor allem junge Bienen (NA).
  - Der Hinterleib ist stark angeschwollen.
  - Die Bienen koten in festen gelben bis hellbraunen Würstchen ab (NS).
  - Erscheinungen treten im Frühsommer nach Kälteperioden auf.
- Im Bienenvolk:
  - Bienen haben stark angeschwollenen Hinterleib (ZB).
  - Ausschließlich Ammenbienen sind betroffen.
- Eindeutige Diagnose:
  - Auf Hinterleib drücken, um Kot herauszudrücken.
  - Im Labor Pflanzenart mit Hilfe einer mikroskopischen Pollenanalyse feststellen.

Verwechslung:

- Bei anderen Krankheiten () und bei Vergiftungen (VG) krabbeln Bienen vor dem Nesteingang.

Ursache:

- Bei Wassermangel und hohem Pollenanteil in der Nahrung verdickt sich der Kot.

Ausbreitung:

- Bei Wassermangel sind meist alle Bienenvölker am Standort betroffen.

Bekämpfung:

- Verfüttern von dünnflüssigem Zucker- oder Honigwasser.

Vorbeugung:

- Bei Wassermangel am Bienenstand Bienentränke einrichten (SA).

Maikrankheit: Die erkrankten Bienen haben einen aufgedunsenen Hinterleib.

Maikrankheit: Der Kot ist durch viel Pollen stark verdickt und wird in langen festen Würstchen abgegeben.

KLEINER BEUTENKÄFER (AETHINA TUMIDA)

Diagnose:

- Vor dem Bienenvolk:
  - Etwa 12 mm lange Larven kriechen meist nachts aus dem Flugloch.
  - Vergorener Honig läuft aus der Beute(NT).
  - Bei starkem Befall ist der Bienenflug schwach (NF).
- Im Bienenvolk:
  - Bei schwachem Befall sind nur einzelne Käfer zu sehen.
  - Nur bei starkem Befall sind Käfer und Larven auf den Waben sofort zu erkennen.
  - Bei stark geschädigten Völkern läuft vergorenes Futter aus den Waben (NT, NS, NG).
- Symptome im Wabenlager:
  - Honigvorräte sind in den Waben vergoren.
  - Honig läuft aus den Behältern mit Waben.
  - Käfer und Larven laufen in Behältern und am Boden.
- Eindeutige Diagnose ist makroskopisch und im Labor molekulargenetisch (PCR) möglich.
- Der Befall mit dem Kleinen Beutenkäfer ist anzeigepflichtig.

Verwechslung:

- Harmloser Brauner Glanzkäfer, Cychramus luteus, kommt selten in Bienenvölkern vor.
- Vergorener Honig und massenhaft Larven treten auch bei starkem Fliegenbefall auf (SE).

Ursache:

- Käfer: Kleiner Beutenkäfer *(Aethina tumida)*.
- Der Käfer legt im Bienennest in vor Bienen geschützten Nischen Eier ab, aus denen Larven schlüpfen.
- Wanderlarven des Käfers verlassen das Bienennest und verpuppen sich im Boden.
- Bei Temperaturen über 10 °C schlüpfen Käfer, die neue Nester befallen.

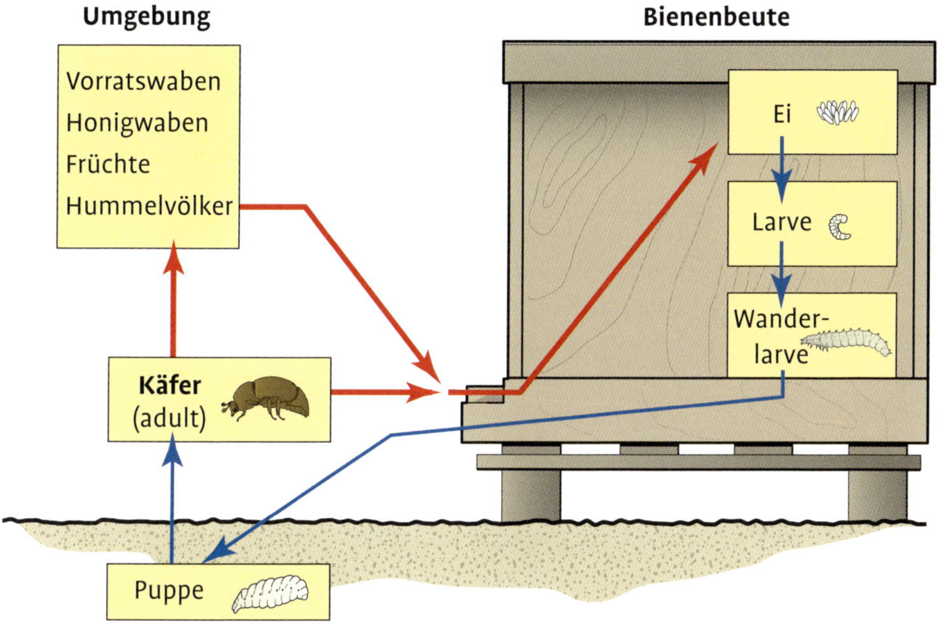

Umgebung

Vorratswaben
Honigwaben
Früchte
Hummelvölker

Käfer
(adult)

Puppe

Bienenbeute

Ei

Larve

Wander-
larve

Kleiner Beutenkäfer: Der erwachsene Käfer legt im Volk in Nischen Eier ab, aus denen sich Larven entwickeln. Diese wachsen zu Wanderlarven aus und verlassen den Bienenstock, um sich im Boden zu verpuppen. Der geschlüpfte Käfer befällt entweder wieder Bienenvölker oder sucht andere Nahrungsquellen in der Umgebung.

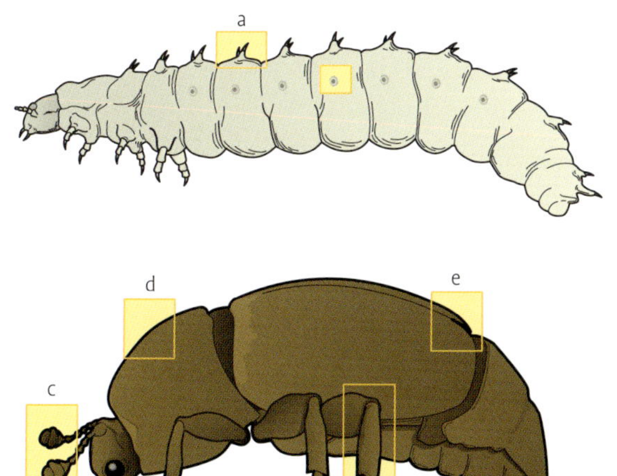

Kleiner Beutenkäfer: Morphologische Bestimmungsmerkmale der Larve (oben) und des adulten Käfers (unten):
(a) Rückenborsten,
(b) Atemöffnungen,
(c) Fühler,
(d) Form des Pronotums,
(e) Länge der Elytren,
(f) Form der Tibia.

Ausbreitung:

- Zwischen den Bienenvölkern:
  - Käfer dringen in Völker in der Nachbarschaft ein.
  - Bienen und Brutwaben werden ausgetauscht.
  - Völker werden an einen anderen Platz verbracht.

Bekämpfung:

- Die anzeigepflichtige Krankheit nach Vorgaben und unter Aufsicht der zuständigen Behörde bekämpfen (BM).
- Bei bestehender Verbreitung selbst bekämpfen:
  - Mit zugelassenen Arzneimitteln behandeln (AA).
  - Die Völker einengen und die vor den Bienen fliehenden Käfer in Öl-Fallen fangen (SH, OK).
  - Eventuell Ableger als Kunstschwärme bilden (BK).

Vorbeugung:

- Keine unerlaubten Importe oder unkontrollierten Importe von Bienenschwärmen und Königinnen vornehmen.
- Immer mit nationalem oder internationalem Gesundheitszeugnis wandern.
- Bei bestehender Verbreitung:
  - Keine schwachen Völker halten (SE).
  - Bienen müssen im gesamten Innenraum der Beute kontrollieren können (WT, NE).
  - Kleines Flugloch wählen und Bodengitter eher geschlossenen halten (ZM).
  - Entnommene Honigwaben am nächsten Tag schleudern.
  - Honigwaben kühl (< 10 °C) oder trocken (< 50 % rLF) lagern.

Kleiner Beutenkäfer: Die Larve ist etwa so lang wie eine Biene und der adulte Käfer etwa ein Drittel kleiner.

Kleiner Beutenkäfer: Die Ausscheidungen der Käferlarven fermentieren den Honig.

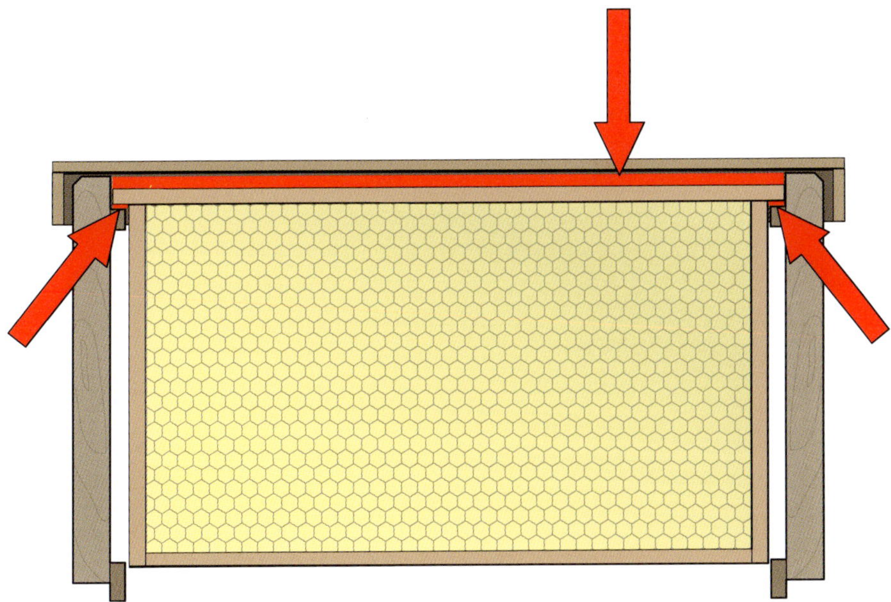

Kleiner Beutenkäfer: Der Käfer hält sich gern in den für Bienen schwer zugänglichen Nischen zwischen Deckel und Oberträger und unter der Auflage der Wabenohren auf.

VIROSEN

CHRONISCHE PARALYSE

Diagnose:

- Vor dem Bienenvolk:
  - Am Nesteingang kämpfen Wächterbienen mit dunkel glänzenden Bienen (NF).
  - Am Boden vor Nesteingang hüpfen und krabbeln dunkle haarlos erscheinende Bienen (NT, NA).
- Im Bienenvolk:
  - Auf den Oberträgern der Waben sitzen zitternde Bienen (ZB).
  - Einige haben wie bei der Acarapidose die Flügel abgespreizt oder einen aufgeblähten Hinterleib (AC).
  - Im Gegensatz zur nicht ansteckenden Schwarzsucht (SS) sind alle Altersstufen der Bienen infiziert.
- Krankheit tritt vor allem im Sommer, seltener im Frühjahr und Herbst auf.
- Eindeutige Diagnose ist nur im Labor molekulargenetisch (PCR) möglich.

Verwechslung:

- Schwarze, haarlos erscheinende Bienen treten auf bei Vergiftungen (VK,), nicht ansteckender Schwarzsucht (SS), alten Flugbienen und nach starker Räuberei (RV).
- Krabbelnde Bienen vor dem Nesteingang sind bei anderen Krankheiten (AC, NO, AR, SS) und bei Vergiftungen (VK, VT) möglich.

Ursache:

- Virus: Chronisches Bienenparalyse-Virus (CBPV).
- Das Virus breitet sich über Futter und Kontakt aus.
- Versteckte Infektionen ohne Symptome sind bei weniger als 10 Millionen Viruspartikeln möglich.
- Bei höherer Zahl an Viruspartikeln bricht Krankheit aus.

Ausbreitung:

- Im Bienenvolk:
  - Über Körperkontakt, Honigblaseninhalt und eingetragenen Pollen.
  - Umgebung im Stock ist meist mit Viren kontaminiert.
- Zwischen den Bienenvölkern:
  - Flugbienen (Verflug).
  - Austausch von kontaminierten Waben.
  - Betrifft oft nur einzelne Völker am Stand.

Bekämpfung:

- Bei ersten Symptomen betroffene Völker isolieren (VI).
- Mögliche Selbstheilung unterstützen (SH, SF).
- Brutumsatz anregen, für ausreichend Nachschub an Jungbienen sorgen (SA).
- Bienenvolk verstellen, um infizierte Flugbienen abzufangen (SF).
- Beuten, Geräte und Waben desinfizieren (DG, DW, DH).

Vorbeugung:

- Bienenvölker nicht zu eng am Stand aufstellen (SV, RV).
- Eine genetische Disposition ist möglich (ZK).
- Geschwächte Bienen sind besonders anfällig (SU, SE).

Chronische Paralyse: Schwarze Bienen werden am Flugloch von den Wächterbienen abgewiesen.

Chronische Paralyse: Die Infektion zeigt sich zuerst an den auf den Oberträgern bei sonst unauffälligen, aber zitternden Bienen.

SCHÄDLINGE

BIENENLAUS

Diagnose:
- Vor dem Bienenvolk:
  - Keine deutlichen Hinweise auf den Befall sichtbar.
- Im Bienenvolk:
  - Auf der Königin und anderen Bienen sitzen kleine braune Insekten (ZB).
- Eindeutige Diagnose ist im Gemüll makroskopisch möglich (GU).

Verwechslung: Keine.

Ursache:
- Insekt: Bienenlaus (*Braula coeca*).
- Die flügellose Fliege nimmt Nahrung beim Futteraustausch der Bienen und bei der Fütterung der Königin auf.
- Die Bienenlaus legt ihre Eier auf verdeckelte Futterwaben.
- Die geschlüpften Larven bilden Fraßgänge in die verdeckelten Futterwaben.

Ausbreitung:
- Im Bienenvolk wechselt die Bienenlaus zwischen den Bienen zur Futterabnahme.
- Zwischen den Bienenvölkern wird die Bienenlaus durch Verflug und Wabentausch verbreitet.

Bekämpfung:
- Nur bei starkem Befall ist es notwendig einzugreifen.
- Mit Fraßgängen durchzogene Futterwaben entdeckeln.
- Als Nebenwirkung der gegen Varroa-Virus-Infektion angewendeten Arzneimittel wie Ameisensäure und Thymol werden auch Bienenläuse abgetötet (AV).

Vorbeugung:
- Am Bienenstand nur Völker halten, die den gesamten Wabenbau im Nest kontrollieren können (NE).

Bienenlaus: Ein starker Befall beunruhigt die Königin und schränkt ihre Legetätigkeit ein.

Bienenlaus: Die sechsbeinige flügellose Fliege kann man leicht von den sechsbeinigen Milben unterscheiden.

Bienenlaus: Die Larven durchziehen die Deckel der Futterwaben mit hellen Fraßgängen.

INVASIVE HORNISSEN (VESPA VELUTINA)

Diagnose:

- Vor dem Bienenvolk:
  - Einzelne Hornissen greifen Bienenvolk, teilweise rückwärtsfliegend an (NF).
  - Insbesondere schwache Bienenvölker und heimkehrende Bienen sind betroffen (SE), (NT, NA).
- Im Bienenvolk:
  - Hornissen dringen selten in die Nester normal starker Völker ein (ZB).
- Eindeutige Diagnose ist makroskopisch am Bienenstand möglich.

Verwechslung:

- Die heimische Hornisse *Vespa crabro* kann anhand ihres blassgelben Hinterleibs mit schwarzen Ringen unterschieden werden.
- Die heimische Hornisse ist geschützt!

Ursache:

- Die Asiatische Hornisse *Vespa velutina nigrithorax* ist eine invasive Art und kommt seit 2014 auch in Deutschland vor.
- Nester werden nicht wie bei der heimischen Hornisse in Höhlen, sondern frei in Bäumen gebaut.

Ausbreitung:

- Breitet sich vor allem entlang von Flusstälern und Waldrändern aus.

Bekämpfung:

- Nester nur auf Anordnung und nach Vorgaben der Naturschutzbehörde vernichten.
- Keine Fallen aufstellen, da dort mehr heimische als invasive Arten getötet werden.

Vorbeugung:

- Keine schwachen Völker am Stand halten (SE).
- Zur besseren Verteidigung des Nesteingangs davor Bleche mit circa 5 mm großen Löchern anbringen (WT).
- Mit Zweigen und Büschen direkt vor der Flugfront den Wespen bzw. Hornissen das Abfangen von Bienen erschweren (SA, SV).

Hornissen: Die Asiatische Hornisse hat eine schwarze Grundfärbung mit einem gelben Streifen auf dem Hinterleib.

Hornissen: Die heimische Hornisse besitzt am Hinterleib eine schwarze Zeichnung auf gelbem Grund.

VERGIFTUNGEN

VERGIFTUNGEN DURCH PFLANZENSCHUTZMITTEL (PESTIZIDE)

Diagnose:

- Vor dem Bienenvolk:
  - Völker sind unruhig und deutlich stechlustiger (NF).
  - Am Nesteingang werden die Bienen abgewehrt.
  - Bienen putzen sich ständig (NA).
  - Bienen machen am Boden kreiselnde Bewegungen.
  - Bienen sterben unter Zuckungen (NT).
  - Totenfall nimmt ständig zu.
  - Tote Bienen haben ihren Rüssel ausgestreckt (NT).
  - Bienen tragen Puppen und Larven heraus (optional).
  - Flugverkehr nimmt schlagartig ab (optional).
- Im Bienenvolk:
  - Nur noch wenige Bienen halten sich in Honigräumen auf.
  - Volkstärke nimmt in kurzer Zeit ab (ZB).
  - Tote Bienen und Brut liegen am Beutenboden (optional) (GU).
- Bienen entfernen tote Bienen und Brut.
- Erscheinungen können vor allem im Sommer auftreten (siehe Tabelle auf Innenseite Umschlag).
- Eindeutige Diagnose ist nur im Labor mit Hilfe einer chemischen Analyse möglich.

Verwechslung:

- Bienen krabbeln und hüpfen auch bei Nosemose, Amöbenruhr, Chronischer Bienenparalyse und Acarapisose (NO, AR, CP, AC).
- Zu Beißerei kommt es auch bei Chronischer Bienenparalyse und Räuberei (CP, RV).

Vergiftungen durch Pestizide: Bienen sterben meist mit ausgestrecktem Rüssel.

Vergiftungen durch Pestizide: Oft nimmt innerhalb kurzer Zeit der Totenfall stark zu.

Ursache:

- Vergiftung durch ausgebrachte Pflanzenschutzmittel:
  - Akarizide.
  - Insektizide.
- Mutwillige Vergiftung mit Insektiziden (Frevel).

Ausbreitung:

- Im Bienenvolk werden die Gifte über Körperkontakt sowie kontaminierten Nektar oder Pollen weitergegeben.
- Selten werden die Gifte von einem zum anderen Bienenvolk verschleppt (RV).
- Meistens sind alle Völker eines Bienenstands oder Gebiets betroffen, da oft die gleichen landwirtschaftlichen Flächen angeflogen werden.
- Bei Frevel sind meist nur einzelne Völker sichtbar stark betroffen.

Abhilfe:

- Abwandern, wenn nicht alle Völker eines Standes betroffen sind (SA).
- Zeugen hinzuziehen.
- Amtliche Stellen wie Landwirtschaftsämter und Veterinärämter einschalten.
- Im Schadensfall koordiniert vorgehen und Proben nehmen (PV).
- Bei Frevel Polizei einschalten.

Vorbeugung:

- Standort wechseln bei wiederholten Vergiftungen und nicht bekannter Ursache (SA).
- Kontakt zur Landwirtschaft halten und sich über geplante Maßnahmen informieren.

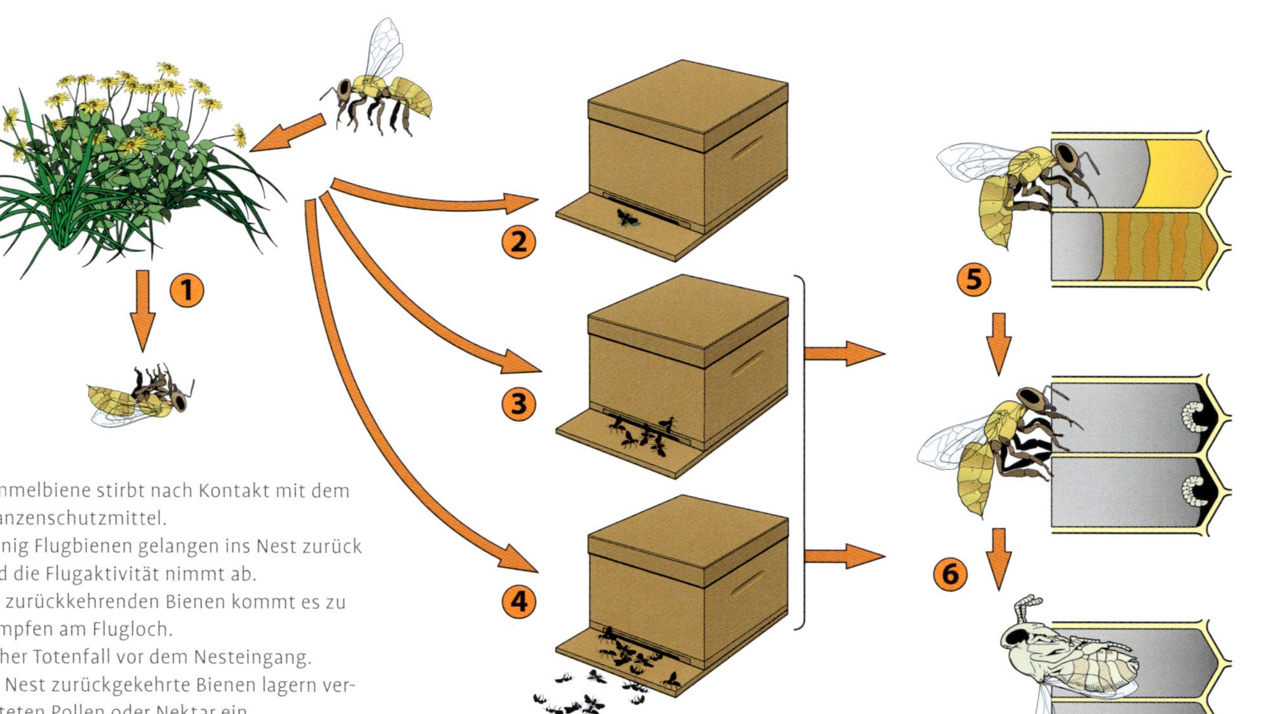

1. Sammelbiene stirbt nach Kontakt mit dem Pflanzenschutzmittel.
2. Wenig Flugbienen gelangen ins Nest zurück und die Flugaktivität nimmt ab.
3. Bei zurückkehrenden Bienen kommt es zu Kämpfen am Flugloch.
4. Hoher Totenfall vor dem Nesteingang.
5. Ins Nest zurückgekehrte Bienen lagern vergifteten Pollen oder Nektar ein.
6. Wenn die vergiftete Nahrung an die Brut verfüttert wird, stirbt diese ab und wird entfernt.

Hinweise auf Vergiftungen findet man am Nesteingang durch Abwehrreaktionen der Wächterbienen sowie durch verstärkten Totenfall. Im Bienenstock ist ein lückiges Brutnest ein erstes Warnsignal, wobei dann zwischen Vergiftungen und Krankheiten unterschieden werden muss.

VERGIFTUNGEN DURCH POLLEN UND NEKTAR (TRACHTVERGIFTUNGEN)

Diagnose:

- Vor und im Bienenvolk:
  - Flugunfähige Bienen liegen mit Krämpfen am Boden vor dem Flugloch der Beute (NF, NA).
  - Tote Bienen liegen unter Pflanzen und am Boden vor dem Flugloch (NT).
  - Vereinzelt ist der Rüssel ausgestreckt.
- Im Bienenvolk tritt erhöhter Totenfall auf (GU, ZB).
- Erscheinungen treten während der Blüte giftiger Pflanzen auf.
- Eindeutige Diagnose ist im Labor mit einer Pollenanalyse möglich.

Verwechslung:

- Bei Vergiftungen durch Pflanzenschutzmittel treten ähnliche Symptome auf (VG).
- Bienen krabbeln und hüpfen auch bei Nosemose, Amöbenruhr, Chronischer Bienenparalyse und Acarapisose (NO, AR, CP, AC).
- Zu Beißerei kommt es auch bei Chronischer Bienenparalyse und Räuberei (CP, RV).

Ursache:

- Bienen können sich mit Pollen und Nektar bestimmter Pflanzen wie Hahnenfußgewächse vergiften.

Ausbreitung:

- Im Bienenvolk werden der kontaminierte Nektar beim Futteraustausch und der Pollen über das Larvenfutter weitergegeben.
- Selten wird vergiftete Nahrung von einem zum anderen Bienenvolk weitergetragen.
- Meistens sind alle Völker eines Bienenstands oder Gebiets betroffen, da oft dieselbe Tracht angeflogen wird.

Abhilfe:

- Eingetragenen giftigen Pollen und Nektar möglichst schnell entfernen.
- Bienen mit dünnflüssigem Zuckerwasser füttern.
- Abwandern, wenn nicht alle Völker eines Standes betroffen sind.

Vorbeugung:

- Standorte mit vielen giftigen Pflanzen meiden (SA).

Trachtvergiftungen: Manche Hahnenfußgewächse wie der Kriechende Hahnenfuß liefern für Bienen giftige Nahrung.

Trachtvergiftungen: Der Nektar verschiedener Lindenarten wie der Silberlinde soll für Bienen giftig sein, vermutlich sterben Bienen vor allem wegen des geringen Nektargehalts der Blüten.

Kranke oder veränderte Brut wird von den Bienen aus den Zellen entfernt. Erst wenn die Bienen dies nicht mehr schaffen, kommt es zum Ausbruch von Krankheiten. Parasiten wie die Varroamilbe schädigen die Brut, wenn sie sich auf ihr fortpflanzen und von den Puppen Nahrung aufnehmen. In schwachen Völkern oder Wabenvorräten können Schädlinge Waben beschädigen oder sogar zerstören.

AUFFÄLLIG-KEITEN DER BRUT

BRUTKRANKHEITEN

AMERIKANISCHE FAULBRUT

Diagnose:

- Vor dem Bienenvolk:
  - Einzelne Völker können mit schwachem Flugbetrieb auffallen (NF).
  - Am Flugloch und beim Öffnen der Beute kann man vereinzelt einen Geruch nach Fußschweiß bzw. Knochenleim wahrnehmen (NG).
- Im Bienenvolk:
  - Brutwaben zeigen ein lückiges Brutbild (ZB, BA).
  - Einzelne gedeckelte Zellen sind nicht geschlüpft („stehen gebliebene Zellen") (BA).
  - Deckel der Brutzellen sind löchrig, verfärbt und teilweise eingefallen (BD).
  - Brut ist zersetzt und schleimig (ZW).
  - Hell- bis kaffeebraune schleimige Masse zieht lange Fäden („Streichholztest").
  - Manchmal riecht es nach Fußschweiß bzw. Knochenleim (NG).
  - Brut trocknet zu einem fest mit der unteren Zellrinne verbunden Schorf ein.
- Eindeutige Diagnose ist nur im Labor mit verschiedenen mikrobiologischen und molekulargenetischen Methoden (PCR) möglich (PB).
- Frühdiagnose kann außerhalb von Zeiten mit Tracht und Fütterung über Futterkranzproben und im Winter über Gemüll erfolgen (PF, PG).

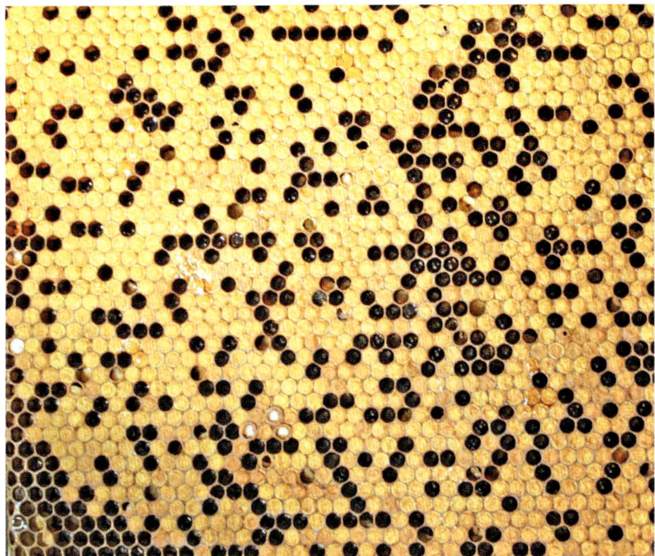

Amerikanische Faulbrut: Waben mit lückiger Brut sind immer verdächtig für Brutkrankheiten.

Amerikanische Faulbrut: Eingefallene, verfärbte und teilweise von den Bienen geöffnete Zelldeckel weisen auf eine Brutkrankheit hin.

Verwechslung:

- Lückige Brut findet man auch bei allen anderen Brutkrankheiten (), geringer Legeleistung der Königin und verfälschtem bzw. kontaminiertem Wachs.
- Verfärbte, löchrige Zelldeckel und leicht fadenziehende Masse tritt auch bei Europäischer Faulbrut auf (EF).

Ursache:

- Bakterium: *Paenibacillus larvae*.
- Genotypen (Varianten):
  - Eric I: Brut stirbt nach der Verdeckelung.
  - Eric II: Brut stirbt vor der Verdeckelung.
- Zustände:
  - Vegetative Form (Vermehrungsform) ist nicht infektiös.
  - Sporen als Dauerform sind über viele Jahrzehnte hochinfektiös und sehr widerstandsfähig gegen Hitze und die meisten Desinfektionsmittel (DG, DW, DH).

Ausbreitung:

- Infektiöse Sporen bleiben viele Jahrzehnte im Schleim und Schorf der Brut, aber auch in Honig und Pollen infektiös.
- Sporen werden im Bienenvolk über Putzen und Futter weitergegeben.
- Zwischen den Bienenvölkern werden Sporen über Flugbienen, kontaminierte Waben, Futter, Beuten und Geräte weitergegeben.
- Über große Entfernungen verbreiten sich Sporen beim Verstellen und Verkauf von Völkern.

Bekämpfung:

- Bereits der Verdacht des Ausbruchs von Amerikanischer Faulbrut muss angezeigt werden.
- Nach Erregernachweis ohne klinische Symptome kann die Selbstheilung durch Bildung von Kunstschwärmen gefördert werden (KO, KG).
- Sobald klinische Symptome auftreten, gilt die Amerikanische Faulbrut als Krankheit ausgebrochen und die Sanierung erfolgt nach Anweisung des Veterinäramtes.

Amerikanische Faulbrut: Ein in eine verdächtige Zelle gestoßenes Streichholz bildet beim Herausziehen einen langen Faden.

Amerikanische Faulbrut: Der Schorf ist fest mit der Zellwand verbunden.

- Zur Sanierung je nach Anweisung das Offene oder Geschlossene Kunstschwarmverfahren anwenden (KO, KG) oder Völker abtöten (BM).
- Die Beuten, Geräte, Waben und Wachs nach Anweisung des Veterinäramtes desinfizieren oder vernichten (DG, DW, DH).

Vorbeugung:

- Putztrieb der Bienen anregen:
  - Wabenzahl an Volkstärke anpassen, um Völker eng zu halten (WT, SE, NE, SH).
  - In Tracht wandern oder füttern, um Futterstrom aufrechtzuhalten (SH).
- Erreger nicht mit Waben und Futter verbreiten:
  - Keine oder wenig Wabentausch zwischen Völkern vornehmen.
  - Keine Waben zukaufen (ZM).
  - Nur eigenen Pollen und Honig verfüttern.
  - Ohne Gesundheitszeugnis nicht wandern (SA).
  - Ohne Gesundheitszeugnis keine Völker kaufen oder verkaufen (ZM).
- Gebrauchte Geräte und Beuten vor der Wiederverwendung desinfizieren (DG).
- Völker nicht zu eng stellen und Räuberei vermeiden (SV, RV).
- Unbekannte Schwärme zunächst isolieren (SU).

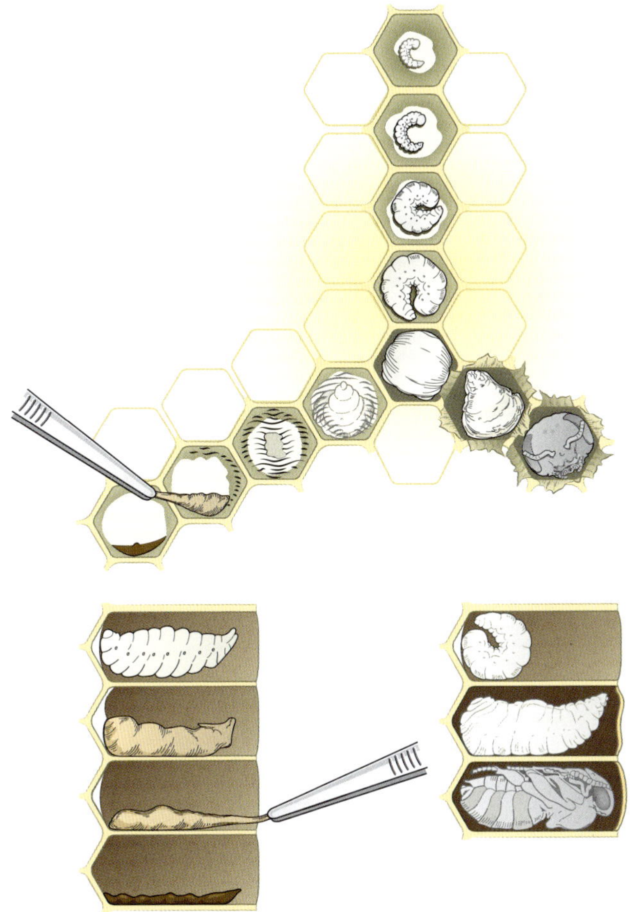

Amerikanische Faulbrut: Symptome der Krankheit (links) und normale Brutentwicklung (rechts).

EUROPÄISCHE FAULBRUT

Diagnose:

- Vor dem Volk:
  - Einzelne Völker können mit schwachem Flugbetrieb auffallen (NF).
  - Am Flugloch und beim Öffnen der Beute kann man selten einen säuerlichen Geruch wahrnehmen (NG).
- Im Bienenvolk:
  - Brutwaben zeigen ein lückiges Brutbild (ZB, BA).
  - Einzelne gedeckelte Zellen sind nicht geschlüpft („stehen gebliebene Zellen") (BA).
  - Deckel der Brutzellen sind löchrig, verfärbt und teilweise eingefallen (BD).
  - Brut liegt teilweise verdreht in Zelle mit durchschimmernden Tracheen (ZW).
  - Gelb bis dunkelbraune schleimige Masse zieht höchstens schwach Fäden („Streichholztest").
  - Manchmal riecht es säuerlich (NG).
  - Brut trocknet zu einem locker in der Zelle liegenden Schorf ein.
- Eindeutige Diagnose ist nur im Labor mit verschiedenen mikrobiologischen und molekulargenetischen Methoden (PCR) möglich (PB).

Verwechslung:

- Lückige Brut findet man auch bei allen anderen Brutkrankheiten (), geringer Legeleistung der Königin, verfälschtem oder kontaminiertem Wachs.
- Verfärbte löchrige Zelldeckel und leicht fadenziehende Masse treten auch im Anfangsstadium der Amerikanischen Faulbrut auf (AF).
- Brut kann auch bei Akuter Bienenparalyse verdreht in der Zelle liegen (AP).

Europäische Faulbrut: Die erkrankte Brut liegt verdreht in der Zelle und die Tracheen schimmern häufig durch die Haut.

Europäische Faulbrut: Die Zelldeckel sind verfärbt und eingesunken und Schorfe liegen locker in den teilweise geöffneten Zellen.

Ursache:

- Bakterium: *Melissococcus plutonius.*
- Begleitende Bakterien wie *Streptococcus faecalis* und *Paenibacillus alvei* verändern das Krankheitsbild und den Geruch.

Ausbreitung:

- Infektiöse Dauerform bleibt viele Jahre im Schleim und Schorf der Brut, aber auch in Honig und Pollen infektiös.
- Sporen werden im Bienenvolk über Putzen und Futter weitergegeben.
- Zwischen den Bienenvölkern werden Sporen über Flugbienen, kontaminierte Waben, Futter, Beuten und Geräte weitergegeben.
- Über große Entfernungen verbreiten sich Sporen beim Verstellen und Verkauf von Bienenvölkern.

Bekämpfung:

- Bei schwachem Befall (< 1% erkrankte Zellen) die Selbstheilung unterstützen (SH).
- Bei mittlerem Befall (1 % bis 10 % erkrankte Zellen) betroffene Brutwaben entnehmen und vernichten (SW).
- Bei starkem Befall (> 10 % erkrankte Zellen) Kunstschwarmverfahren durchführen (KO, KG, BK), Geräte und Beuten desinfizieren (DG) sowie Futter und Brutwaben vernichten (DW).
- In der Schweiz bereits den Verdacht des Ausbruchs der Europäischen Faulbrut anzeigen!
- Zur Sanierung eines Ausbruchs je nach Anweisung das Offene oder Geschlossene Kunstschwarmverfahren verwenden (KO, KG).
- Gebrauchte Geräte und Beuten desinfizieren (DG).

Vorbeugung:

- Putztrieb der Bienen anregen:
  - Wabenzahl an Volkstärke anpassen, um Völker eng zu halten (WT, NE, SE).
  - In Tracht wandern oder füttern, um Futterstrom aufrechtzuhalten (SH).

- Erreger nicht mit Waben und Futter verbreiten:
  - Keine oder wenig Wabentausch zwischen Völkern vornehmen.
  - Keine Waben zukaufen (ZM).
  - Nur eigenen Pollen und Honig verfüttern.
- Völker nicht zu eng stellen und Räuberei vermeiden (SV, RV).

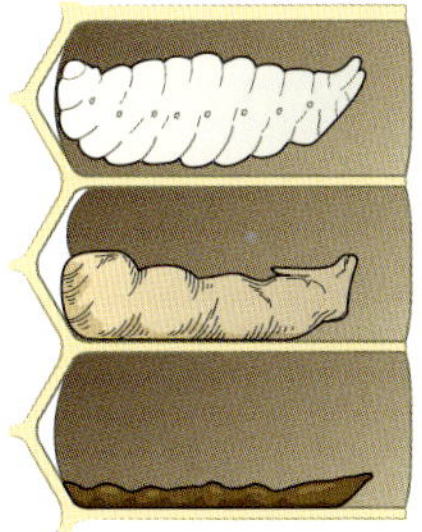

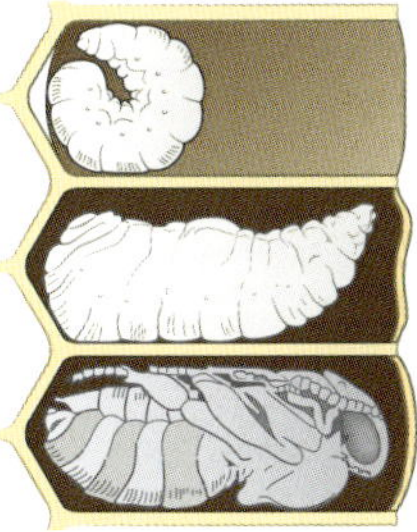

Europäische Faulbrut: Symptome der Krankheit (links) und normale Brutentwicklung (rechts).

KALKBRUT

Diagnose:

- Vor dem Volk:
  - Einzelne Völker können mit schwachem Flugbetrieb auffallen (NF).
  - Vor dem Flugloch liegen weiße bis grauschwarze Brutmumien (NT).
- Im Bienenvolk:
  - Brutwaben zeigen ein lückiges Brutbild (ZB, BA).
  - Deckel der Brutzellen sind löchrig und teilweise ganz oder vollständig entfernt (BD).
  - In der Zelle liegen schwammige bis harte Larven oder Vorpuppen (ZW).
  - Weiße bis grauschwarze Brutmumien liegen locker in der Zelle.
  - Ein spezieller Geruch kann nicht wahrgenommen werden (NG).
- Eindeutige Diagnose ist nur im Labor mit verschiedenen mikrobiologischen und molekulargenetischen (PCR) Methoden möglich (PB, PG).

Verwechslung:

- Lückige Brut findet man auch bei allen anderen Brutkrankheiten, geringer Legeleistung der Königin, verfälschtem oder kontaminiertem Wachs.
- Löchrige und teilweise entfernte Brutdeckel treten auch bei anderen Brutkrankheiten auf (AF, EF, SB).
- Bei Schimmelbefall erscheint die Brut ebenfalls weiß verfärbt.

Ursache:

- Pilz: *Ascosphaera apis*.
- Zustände:
  - Weiße Mumien bestehen nur aus Pilzfäden und sind nicht infektiös.
  - Grauschwarze Mumien enthalten schwarze Zysten in Sporenballen und sind hoch infektiös.

Kalkbrut: Auf stark befallenen Waben sind viele Zellen mit Kalkbrut-Mumien von den Bienen geöffnet worden.

Kalkbrut: Die weißen Mumien links werden erst infektiös, wenn sich die schwarzen Fruchtkörper (Zysten) gebildet haben (rechts).

Ausbreitung:

- Infektiöse Sporen bleiben in Mumien und Gemüll einige Jahrzehnte sowie in Honig und Pollen einige Jahre infektiös.
- Sporen werden im Bienenvolk über Futter und Stockluft weitergegeben und von den Larven über Futter oder Haut aufgenommen.
- Zwischen den Bienenvölkern werden Sporen über Flugbienen, kontaminierte Waben, Futter, Beuten und Geräte weitergegeben.

Bekämpfung:

- Bei schwachem Befall (< 1 % erkrankte Zellen) die Selbstheilung mit ausreichender Futterversorgung unterstützen (SH).
- Bei mittlerem Befall (1 % bis 10 % erkrankte Zellen) betroffene Brutwaben entnehmen und vernichten (SW).
- Bei starkem Befall (> 10 % erkrankte Zellen) Kunstschwarmverfahren durchführen (BK, KG, KO), Geräte und Beuten desinfizieren (DG) und Brutwaben vernichten (DW).

Vorbeugung:

- Feuchte Standorte meiden (SA).
- Putztrieb der Bienen anregen:
  - Wabenzahl an Volkstärke anpassen, um Völker eng zu halten (WT, SE, NE).
  - In Tracht wandern oder füttern, um Futterstrom aufrechterhalten (SA).
- Königin bzw. Zuchtlinie wechseln, wenn nur Völker einer Zuchtlinie oder eines Jahrgangs betroffen sind (ZK).
- Erreger nicht mit Waben und Futter verbreiten:
  - Keine oder wenig Wabentausch zwischen Völkern durchführen.
  - Keine Waben zukaufen (ZM).
  - Nur eigenen Pollen und Honig verfüttern.
- Boden der Völker reinigen oder den Bienen das Putzen erleichtern.

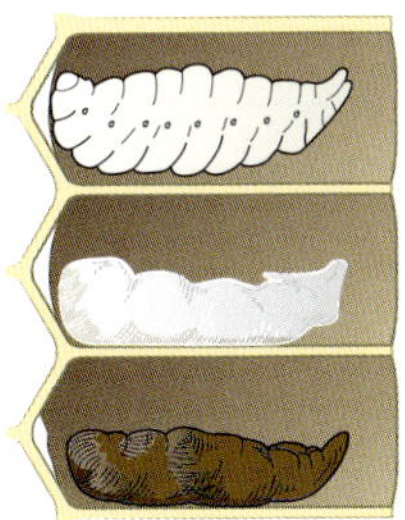

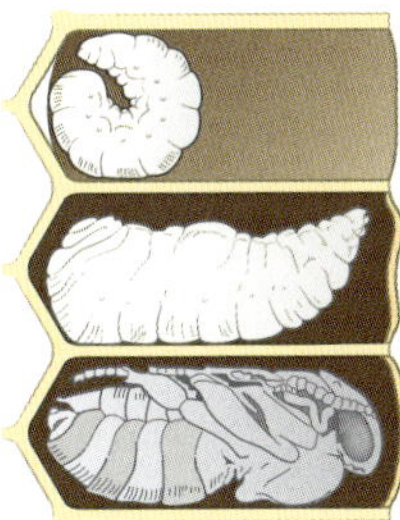

Kalkbrut: Symptome der Krankheit (links) und normale Brutentwicklung (rechts).

STEINBRUT

Diagnose:

- Vor dem Bienenvolk:
  - Keine Auffälligkeiten sichtbar.
- Im Bienenvolk:
  - Gedeckelte Brut ist vorwiegend betroffen (BD).
  - Zelldeckel und Zellinhalt einzelner Zellen sind mit gelbgrünem Pilzrasen überzogen (BD, ZW).
  - Pilzrasen ist fest mit Zellwand verbunden.
- Eindeutige Diagnose ist nur im Labor mit verschiedenen mikrobiologischen und molekulargenetischen (PCR) Methoden möglich (PB).

Verwechslung:

- Pilzrasen entsteht auch bei anderen Pilzarten.

Ursache:

- Pilz: Gattung *Aspergillus* spp. (meist *Aspergillus flavus*).
- Die Sporen sind auch für den Menschen gefährlich.

Ausbreitung:

- Sporen werden im Bienenvolk über Futter und Stockluft weitergegeben.
- Auch erwachsene Bienen können geschädigt werden.

Bekämpfung:

- Krankheit tritt äußerst selten auf.
- Meist sind nur einzelne Völker betroffen.
- Erkrankte Völker abtöten, Waben und Honig vernichten und Beuten desinfizieren (BM, DG, DH).
- Atemmaske und Einmalhandschuhe wegen der Infektionsgefahr für Menschen während der Arbeiten tragen.

Vorbeugung:

- Schwache Völker auch auf Steinbrut untersuchen (SE).
- Keine weitere Vorbeuge bekannt.

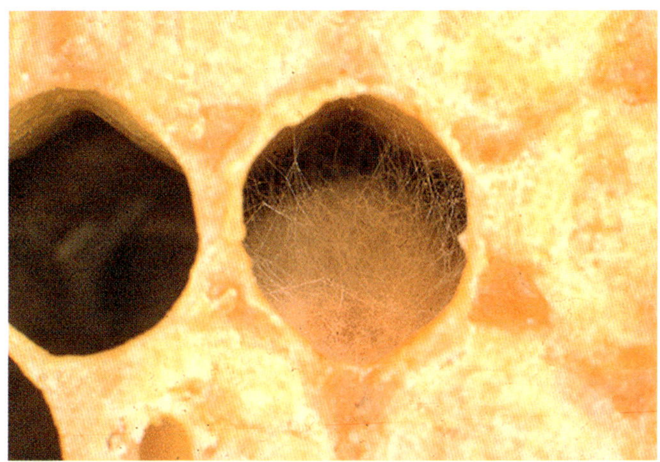

Steinbrut: In der infizierten Zelle wird das grüne Pilzgeflecht sichtbar.

Steinbrut: Das Pilzgeflecht ist fest mit der Zellwand verwachsen.

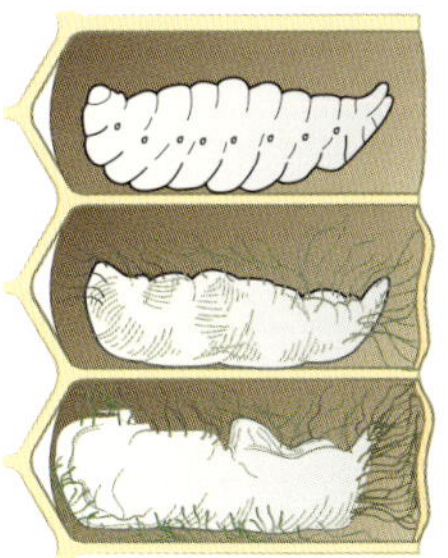

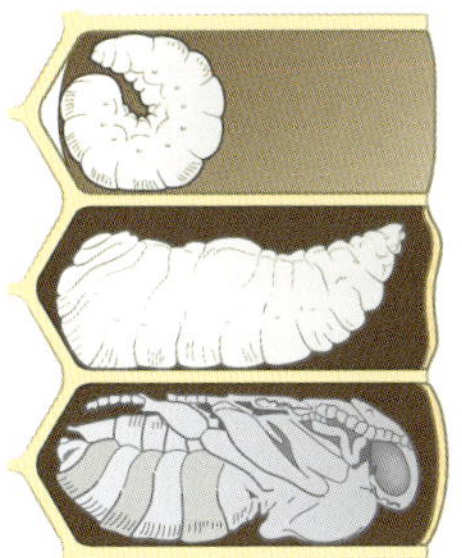

Steinbrut: Symptome der Krankheit (links) und normale Brutentwicklung (rechts).

TROPILAELAPSMILBE

Diagnose:

- Vor dem Bienenvolk:
  - Oft ist der Flugbetrieb nur schwach (NF).
  - Tote Bienen und Brut liegen vor dem Nesteingang (NT).
- Im Bienenvolk:
  - Bei schwachem Befall sind vereinzelt längsovale, weißliche bis dunkelbraune Milben auf den Waben und im Gemüll sichtbar (GU, ZB, BT).
  - Bei starkem Befall laufen Milben auf den Waben und die Brutflächen sind lückig (BA).
  - Beim Öffnen der Brutzellen ist die Brut eher unauffällig, aber helle Milben stürzen heraus (ZW).
  - Ganz selten sind Milben auf erwachsenen Bienen zu sehen.
- Eindeutige Diagnose:
  - Eine eindeutige Diagnose des Befalls mit Milben ist makroskopisch am Bienenvolk möglich (PB, PG).
  - Die verschiedenen 0,7 bis 1,0 mm großen Tropilaelaps-Arten können nur mikroskopisch unterschieden werden.

Verwechslung:

- Lückige Brut findet man auch bei allen anderen Brutkrankheiten (), geringer Legeleistung der Königin, verfälschtem oder kontaminiertem Wachs.
- Längsovale achtbeinige Milbe kann leicht mit der sechsbeinigen Bienenlaus (BC) und anderen Milben im Volk (z. B. Pollenmilben) verwechselt werden.

Ursache:

- Milbe: *Tropilaelaps* spp.
- Im Bienenvolk vorkommende Tropilaelaps-Arten:
  - *T. koenigerum* (bis 0,7 mm).
  - *T. mercedesae* und *T. thai* (bis 0,9 mm).
  - *T. clarae* (bis 1,0 mm).
- Begleitende Viren: Deformierte-Flügel-Virus (DF).

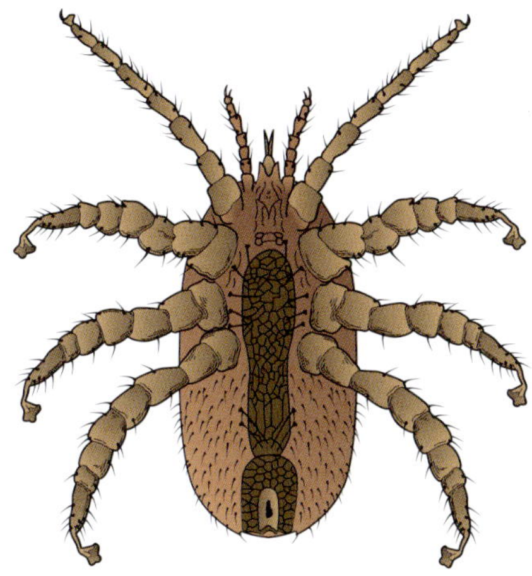

Tropilaelaps: Die Tropilaelapsmilbe ist queroval und je nach Art unterschiedlich groß.

Ausbreitung:

- Tropilaelapsmilben wurden bisher noch nicht außerhalb Asiens beobachtet.
- Vorkommen ist in der Europäischen Union und in der Schweiz anzeigepflichtig und wird amtlich bekämpft.
- Neueinschleppung ist über den Kauf von Bienen, Waben und Geräte möglich (ZK, ZM).
- Zwischen den Bienenvölkern werden die Tropilaelapsmilben vor allem über den Tausch von Brutwaben weitergegeben.

Bekämpfung:

- Bei Erstbefall erfolgt die Bekämpfung nach Anweisung der zuständigen Behörde (BM).
- Bei bestehender Verbreitung:
  - Völker für drei Wochen brutfrei halten.
  - Beuten, Waben und Geräte drei Wochen isoliert von Bienen aufbewahren (DG, DW, DH).
  - Brutwaben von Bienen getrennt schlüpfen lassen oder vernichten (VE, BK).
  - Eventuell Arzneimittel für die Behandlung der Varroa-Virus-Infektion auf Verschreibung anwenden (AV).

Vorbeugung:

- Keine unerlaubten Importe von Bienenvölkern, Schwärmen und Königinnen zulassen (ZM).
- Nur mit europäischem oder nationalem Gesundheitszeugnis wandern.
- Keine Waben, insbesondere Brutwaben, zukaufen (ZM).
- Zugekaufte Beuten und Geräte drei Wochen isoliert von Bienen halten (ZM).
- Wabenzahl an Volkstärke anpassen, um Völker eng zu halten (WT, SE, NE, SH).

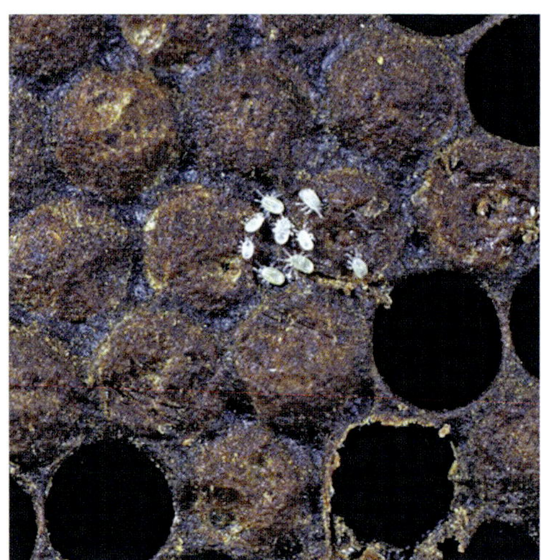

Tropilaelaps: Die Milben halten sich meist in der Brutzelle und auf den Waben und nur ganz selten auf Bienen auf.

Tropilaelaps: Alle Arten der Tropilaelapsmilben sind deutlich kleiner als die Varroamilben (rechts).

VARROA-VIRUS-INFEKTION

Diagnose:

- Vor dem Bienenvolk:
  - Oft ist der Flugbetrieb nur schwach (NF)
  - Missgebildete Bienen mit deformierten Flügeln oder Hinterleib krabbeln am Boden (NA).
  - Tote Brut liegt vor dem Nesteingang (NT).
- Im Bienenvolk:
  - Bei schwachem Befall sind vereinzelt braune querovale Milben auf Bienen, Waben und im Gemüll sichtbar (GU).
  - Bei starkem Befall laufen missgebildete Bienen auf der Wabe und die Brutflächen sind lückig (ZB, BA, BT).
  - Verdrehte Brut liegt in einzelnen Zellen (ZW).
  - Beim Zusammenbruch der Bienenvölker bleiben in den bienenleeren Kästen nur Brut und Futtervorräte zurück (ZB).
- Eindeutige Diagnose:
  - Eine eindeutige Diagnose des Befalls mit Milben ist makroskopisch am Bienenvolk möglich (PB, GU).
  - Die Diagnose der begleitenden Viren ist nur im Labor mit molekulargenetischen Methoden (PCR) möglich (PA).

Verwechslung:

- Lückige Brut findet man auch bei allen anderen Brutkrankheiten (), geringer Legeleistung der Königin, verfälschtem oder kontaminiertem Wachs.
- Missgebildete Bienen schlüpfen insbesondere im zeitigen Frühjahr bei verkühlter Brut.
- Verdreht in der Zelle liegende Brut tritt auch bei Europäischer Faulbrut auf (EF).
- Bienenvölker sterben im Winter auch wegen des Verlustes der Königin („Weisellosigkeit“) und Futtermangel.

Ursache:

- Milbe: *Varroa destructor.*
- Begleitende Viren: Deformierte-Flügel-Virus (DF), Akutes-Bienenparalyse-Virus (AP) u. a.

Ausbreitung:

- Zwischen den Bienenvölkern werden die Varroamilben über Flugbienen und Tausch der Brutwaben weitergegeben.
- Aus stark befallenen bzw. infizierten Bienenvölkern gelangen viele Milben und Viren in Nachbarvölker.
- Brechen die Völker zusammen, werden bei großer Bienendichte in der Umgebung selbst vorher behandelte Völker reihenweise in einer Art „Dominoeffekt" in Mitleidenschaft gezogen.
- Über große Entfernungen verbreiten sich die Milben und Viren beim Verstellen und Verkauf von Völkern.

Bekämpfung:

- Befall durch Ausschneiden und Vernichten der Drohnenbrut reduzieren.
- Im Sommer mit langwirkenden Medikamenten behandeln (AV).
- Bei starkem Befall die Brut vollständig entnehmen (VE) oder Kunstschwarm bilden (BK, KG, KO).
- Mit der Schwarmvorwegnahme den Milbenbefall reduzieren (SU).
- Im Winter mit direkt auf die Bienen wirkenden Arzneimitteln behandeln (AV).

Vorbeuge von Schäden:

- Den Befall mehrmals im Jahr ermitteln (GU):
  - Hochsommer (Juni/Juli).
  - Spätherbst (November).
- Abhängig von Befall behandeln (AV.
- Wabenzahl an Volkstärke anpassen (WT, SE, NE).
- Futterstrom aufrechterhalten.
- Milbenbefall das ganze Jahr über mit biotechnischen Maßnahmen niedrig halten (SU, SH, SW, KO, VE, BK).

- Bienenvölker nicht zu eng aufstellen (SV).
- Große Bienendichte meiden sowie Behandlung am Bienenstand und in der Umgebung zeitlich koordinieren (SA). Weitere Angaben zur Varroa-Virus-Infektion in Ritter, „Varroa unter Kontrolle: Schnell checken und lösen“, Verlag Eugen Ulmer, Stuttgart 2023.

Varroose: Das adulte bis zu 1,6 mm große Varroaweibchen kann anhand seiner abgeflachten, querovalen Körperform leicht mit bloßem Auge erkannt werden.

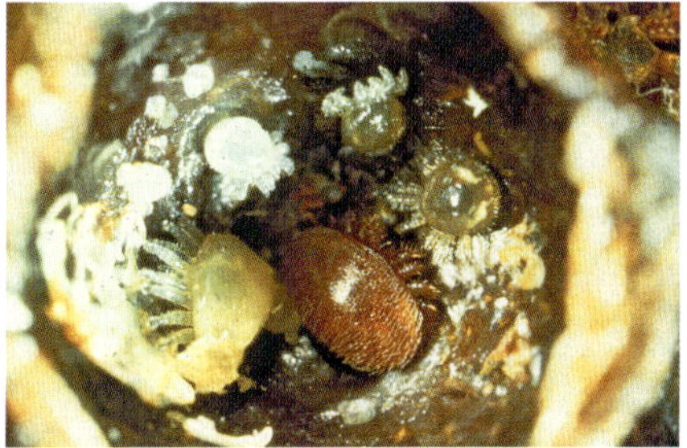

Varroose: Die typische „Varroa-Familie“ in einer Brutzelle besteht aus dem adulten Weibchen, einem Männchen (rechts) und unterschiedlich alten Nachkommen.

Varroose: Zur Nahrungsaufnahme suchen die Varroamilben die Bauchseite am Hinterleib der Puppe (links) und auf den adulten Bienen die weichen Häutchen zwischen den Hinterleibsringen (rechts) auf.

VIROSEN

DEFORMIERTE FLÜGEL

Diagnose:

- Vor dem Bienenvolk:
  - Am Nesteingang fallen lebende und tote Bienen mit missgebildeten Flügeln und vereinzelt mit verkürztem Hinterleib auf (NT, NA).
- Im Bienenvolk:
  - Bienen mit missgebildeten Flügeln schlüpfen im gesamten Brutnest und laufen auf den Waben (ZW).
- Eindeutige Diagnose ist im Labor molekulargenetisch (PCR) möglich (PB).
- Krankheit tritt vor allem im Sommer und Herbst auf.

Verwechslung:

- Bienen mit missgebildeten Flügeln:
  - Bei Verkühlung schlüpfen missgebildete Bienen vor allem im Randbereich des Brutnests.
  - Zur Verkühlung der Brut kommt es vor allem im Frühjahr in kalten Nächten.

Ursache:

- Flügeldeformationsvirus (DWV).
- Verschiedene Genotypen bekannt: Der neu verbreite Typ B ist infektiöser als der bisherige Typ A.
- Bei niedrigem Varroabefall sind versteckte Infektionen ohne Symptome möglich.
- Bei hohem Varroabefall und Vermehrung in der Varroamilbe bricht Krankheit aus.

Ausbreitung:

- Im Bienenvolk:
  - Über Varroamilbe bei der Futteraufnahme an der Biene.
  - Durch Futteraustausch an andere Bienen.
  - Über Futtersaft der Arbeiterinnen an die Brut.

  - Über die Eier einer infizierten Königin.
- Zwischen den Bienenvölkern:
  - Flugbienen (Verflug).
  - Über das Sperma von infizierten Drohnen.
  - Über Honig und Pollen bei Räuberei und Wabentausch (RV).

Bekämpfung:

- Varroa-Virus-Infektion mit biotechnischen Maßnahmen bekämpfen (VV).
- Nicht zu spät Varroamilben behandeln, da Infektion auch ohne Milben weiter bestehen bleibt (AV).

Vorbeugung:

- Varroabefall das ganze Jahr über niedrig halten (VV).
- Gebrauchte Waben mit 60%iger Essigsäure behandeln (DW).
- Geschwächte Völker sind besonders anfällig (SE).

Flügeldeformation: In stark mit Varroamilben befallenen Völkern fallen einzelne Bienen mit missgebildeten Flügeln auf (siehe Pfeil).

AKUTE BIENENPARALYSE

Diagnose:

- Vor dem Bienenvolk:
  - Am Nesteingang fallen zitternde, oft haarlose Krabbler auf (NT, NA).
- Im Bienenvolk:
  - Zitternde Bienen werden von anderen Bienen angegriffen (ZB).
  - Bereits im frühen Stadium abgestorbene Brut liegt verdreht in der Zelle (ZE).
  - Ältere Brut hat sich unter dem löchrigen Zelldeckel zu einer Masse zersetzt (BA, BD, ZW).
  - Trockener lockerer Schorf liegt in den Brutzellen (ZW).
- Krankheit tritt vor allem im Sommer und Herbst auf.
- Oft sind nur einzelne Völker am Stand betroffen.
- Eindeutige Diagnose ist im Labor molekulargenetisch (PCR) möglich (PB).

Verwechslung:

- Zitternde, oft haarlose Bienen treten auch bei Chronischer Bienenparalyse auf (CP).
- Bei Europäischer Faulbrut liegt die Brut verdreht in der Zelle (EF).

Ursache:

- Akute-Bienenparalyse-Virus (ABPV).
- Bei niedrigem Varroabefall ist die Infektion symptomlos.
- Bei Übertragung durch Varroamilbe und Vermehrung in der Biene bricht Krankheit aus.
- Bei hoher Zahl an Viruspartikeln bricht die Krankheit auch in der Brut aus.
- Infizierte Bienen haben kürzere Lebenserwartung.
- Führt zu Verhaltensänderungen der Bienen z. B. bei Brutpflege, Orientierung und Wächterdienst.

Ausbreitung:

- Im Bienenvolk verbreitet sich das Virus über Körperkontakt, Honigblaseninhalt und eingetragenen Pollen.
- Umgebung im Stock ist meist mit Viren kontaminiert.
- Zwischen den Bienenvölkern wird das Virus von Flugbienen und durch den Austausch von kontaminierten Waben übertragen.

Bekämpfung:

- Varroa-Virus-Infektion mit biotechnischen Maßnahmen bekämpfen (VV).
- Varroa-Virus-Infektion nicht zu spät bekämpfen, da Infektion auch ohne Milben bestehen bleibt (AV).

Vorbeugung:

- Varroabefall das ganze Jahr über niedrig halten (VV).
- Bienenvölker nicht zu eng aufstellen und Räuberei vermeiden (SV, RV).
- Gebrauchte Waben mit 60%iger Essigsäure behandeln (DW).
- Geschwächte Bienen sind besonders anfällig (SE).

Akute Bienenparalyse: Bei hohem Befall mit Varroamilben liegt die mit dem Virus infizierte Brut verdreht in der Zelle.

SCHWARZE ARBEITERINNEN- UND KÖNIGINNENZELLEN

Diagnose:
- Im Bienenvolk:
  - Weiselzelle erscheint äußerlich schwarz (BD).
  - Tote Königin ist zunächst hellgelb und eingetrocknet schwarz (ZW).
  - Innere Zellwände sind schwarz gefärbt.
  - Bei Arbeiterbrut können ähnliche Erscheinungen auftreten (BD, ZW).
- Oft sind nur einzelne Völker am Stand betroffen.
- Eindeutige Diagnose ist am Bienenstand anhand der klinischen Symptome und im Labor molekulargenetisch (PCR) möglich (PB).

Verwechslung:
- Nur bei Sackbrut treten in einzelnen Stadien ähnliche Symptome auf (SB).

Ursache:
- Virus: Schwarze-Königinnenzelle-Virus (BQCV).
- Reichert sich in Futtersaftdrüsen der Arbeiterinnen an.

Ausbreitung:
- Im Bienenvolk werden die Viren über Futtersaft übertragen.
- Übertragung in andere Völker ist durch Verflug möglich.

Bekämpfung:
- Ursache für den Ausbruch in einzelnen Völkern ermitteln.
- Mögliche Selbstheilung unterstützen (SH, SW).
- Beuten, Geräte und Waben desinfizieren (DG, DW).
- In Zuchtserien Anbrüter gut mit Futter versorgen.
- Ableger als Kunstschwarm bilden (BK).

Vorbeugung:
- Eine genetische Disposition ist möglich (ZK).
- Königin gegen unauffällige Linie austauschen („umweiseln") (ZK).
- Schwächende begleitende Krankheiten wie Varroa-Virus-Infektion und Nosemose rechtzeitig bekämpfen (SE, VV, NO).

Schwarze Königinnenzellen: Aufgrund der schwarzen Brut erscheinen die Weiselzellen dunkel gefärbt.

Schwarze Arbeiterbrutzellen: Die Deckel und Wände der Zellen von infizierter Arbeiterbrut sind schwarz gefärbt.

SACKBRUT

Diagnose:

- Vor dem Bienenvolk:
  - Bei infizierten Bienen kommt es zu erhöhtem Totenfall (NT).
- Im Bienenvolk:
  - Die Brutwaben zeigen ein lückiges Brutbild (BA).
  - Zelldeckel sind rissig, eingefallen und teilweise entfernt (BD).
  - Kopfteil der abgestorbenen Streckmade ist nach oben gebogen (ZW).
  - Äußere Haut von Larve und Puppe sind durch eine klare Flüssigkeit getrennt.
  - Beim Herausziehen entsteht ein sackförmiges Gebilde.
- Oft sind nur einzelne Völker am Stand betroffen.
- Eindeutige Diagnose ist am Bienenstand anhand der klinischen Symptome und im Labor molekulargenetisch (PCR) möglich (PB).

Verwechslung:

- Einzelne Stadien der Krankheit ähneln den Symptomen des Schwarze-Königinenzellen-Virus (SK).

Ursache:

- Virus: Sackbrutvirus.
- Reichert sich in Futtersaftdrüsen der Arbeiterinnen ab.
- Infektion erfolgt bei zweitägigen Larven.

Ausbreitung:

- Im Bienenvolk werden die Viren über Futtersaft übertragen.
  - Bleibt meist auf wenige Völker beschränkt.

Bekämpfung:

- Mögliche Selbstheilung unterstützen (SH, SW).
- Völker gut mit Futter versorgen.
- Brutwaben zum Anregen des Putztriebs mit Zuckerwasser besprühen (SH).
- Stark befallene Waben entnehmen und einschmelzen (SW).

- Bei starkem Befall alle Brutwaben entnehmen oder Kunstschwarm bilden (VE, BK, KG, KO)
- Königin gegen unauffällige Linie austauschen („umweiseln“) (ZK).

Vorbeugung:

- Eine genetische Disposition ist möglich (ZK).
- Schwache Völker erkennen und Nest eng halten (WT, SE, NE).
- Auf ständig gute Futterversorgung achten.

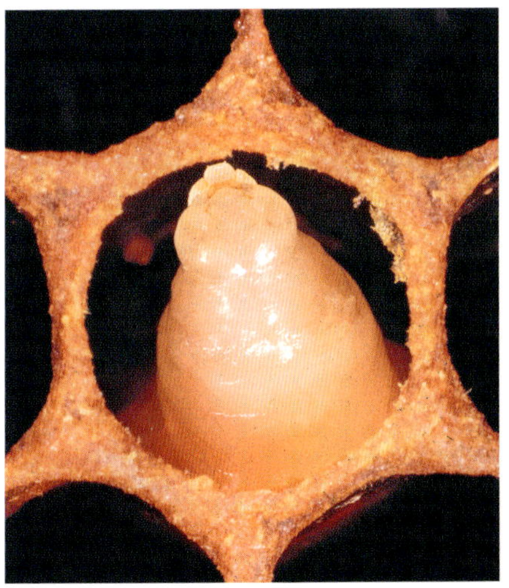

Sackbrut: Der Kopfteil der abgestorbenen Streckmade ist nach oben gebogen.

Sackbrut: Beim Herausziehen der abgestorbenen Brut entsteht ein sackförmiges Gebilde.

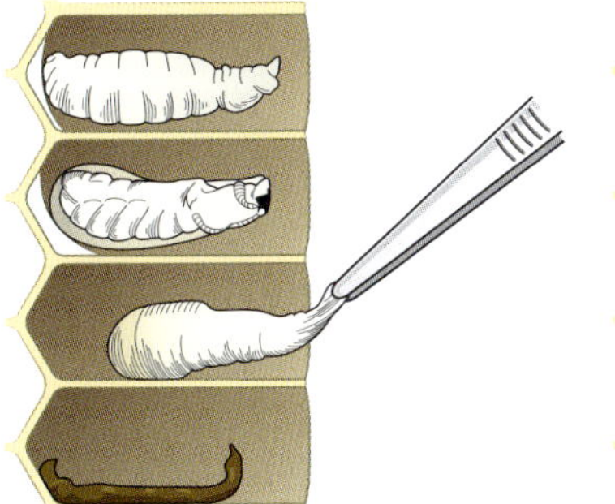

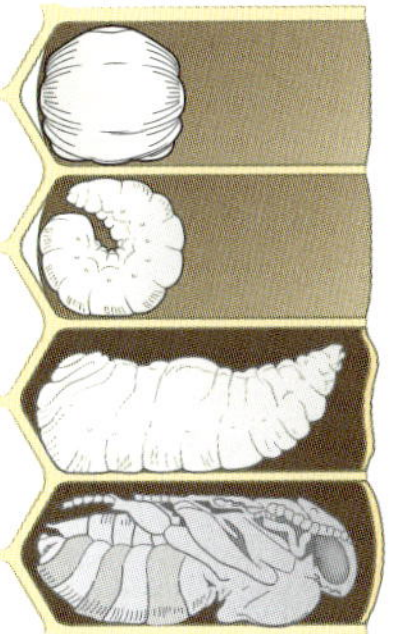

Sackbrut: Symptome der Krankheit (links) und normale Brutentwicklung (rechts).

SCHÄDLINGE

   WACHSMOTTEN

Diagnose:

- Vor dem Bienenvolk:
  - Keine deutlichen Hinweise auf den Befall sichtbar.
  - Bei der großen Wachsmotte können Verwesungsgerüche auftreten (NG).
- Im Bienenvolk:
  - Mehrschichtiges Gespinst überzieht Teile oder ganze Waben (GW).
  - In schwachen Völkern ist gesamte Wabenbau betroffen (ZW).
  - Die Wände mehrerer Brutzellen hintereinander mit äußerlich unauffälliger Brut sind nach oben verlängert („Röhrchenbrut") (KW, BA, BD, ZW).
  - In den Zellen und im Gemüll liegt der typische Kot der Wachsmotten (KW, GU).
- Im Wabenlager:
  - Vorratswaben sind vom Gespinst überzogen (GW).
  - Nur noch krümelige Reste der Waben bleiben übrig (GW).
  - Vor allem vormals bebrütete Vorratswaben sind betroffen (GW).
- Eindeutige Diagnose ist am Bienenstand makroskopisch möglich (PB).

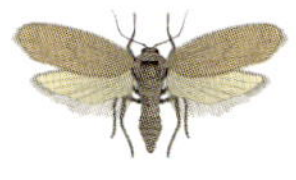

Wachsmotten: Die Große Wachsmotte (oben) und Kleine Wachsmotte (unten) dringen nachts in Bienenvölker und Lager mit Vorratswaben ein.

Ursache:

- Große Wachsmotte (*Galleria melonella*): Die Raupen des Nachtfalters ernähren sich von Puppenhäutchen und Pollen (GW).
- Kleine Wachsmotte (*Achroea grisella*): Nachtfalter miniert Fraßgänge unter der Bienenbrut und hebt diese an (KW).

Wachsmotten: Die Kleine Wachsmotte hebt mit ihren Miniergängen die Brut an („Röhrchenbrut").

Wachsmotten: Von den Bienen nicht kontrollierte, vormals bebrütete Waben werden von der Großen Wachsmotte schnell zerstört.

- Beide Wachsmottenarten kommen natürlich im Nest der Bienen vor und werden erst in der Imkerei zu Schädlingen.

Ausbreitung:

- Zwischen den Bienenvölkern:
  - Nachtaktive Falter dringen nachts in Bienenvölker und Wabenlager ein.
  - Beim Austausch von Bienen und Brutwaben wird der Befall mit Eiern und Larven der Falter verschleppt.

Bekämpfung:

- Befallene Waben entnehmen:
  - Mit Bacillus thuringiensis in wässriger Lösung einmal besprühen (GW).
  - Mit Schwefelkohlenstoff begasen (GW).
  - Stark befallene Waben entnehmen und einschmelzen (SW, VE).

Vorbeugung:

- Am Bienenstand nur Völker halten, die den gesamten Wabenbau im Nest kontrollieren können (SE, NE).
- Waben und Wabenteile nicht am Bienenstand herumliegen lassen. Dies ist wegen der Gefahr des Ausbruchs der Amerikanischen Faulbrut nicht erlaubt! (AF).
- Vormals unbebrütete Waben (z. B. Honigwaben) können problemlos gelagert werden (GW).
- Vormals bebrütete Waben (GW):
  - Bei Temperaturen unter 9 °C lagern.
  - Mit *Bacillus thuringiensis* in wässriger Lösung besprühen.
  - Mit Schwefelkohlenstoff alle drei Wochen begasen.
  - In gut durchlüftetem Raum (z. B. Wabenstapel) locker schichten.

Wachsmotten: Waben lagert man am besten in einem Zargenstapel, der unten und oben mit einem Fliegengitter abgeschlossen ist. Durch das Rohr im Deckel entsteht ein ständiger Luftstrom, bei dem sich Wachsmotten nicht entwickeln können und bei Frost Sporen von *Nosema ceranae* abgetötete werden.

Wachsmotten: In einem großem Dampfwachsschmelzer können Waben leicht eingeschmolzen werden.

Ein guter Standort sollte den Bienen möglichst das ganze Jahr über vielfältige Nahrung bieten. Eine geringe Bienendichte am Stand und in der Umgebung verhindert die Übertragung von Krankheiten. Der Beutentyp und die Haltung der Bienenvölker muss darauf ausgerichtet sein, die Selbstheilungskraft zu fördern.

KRANKHEITEN
VORBEUGEN

WAHL DES STANDORTS UND BEUTENTYPS

STANDORT WÄHLEN

Das gilt allgemein

- Bienenvölker erkranken häufiger bei schlechter Versorgung mit Proteinen über Pollen und Kohlehydraten über Nektar.
- Ihre Widerstandskraft gegen Krankheiten hängt stark von den Antagonisten, wie „gute" Viren und Bakterien und Pilze ab, die sie vor allem mit unterschiedlichen Pollen aufnehmen (KB).
- Bei großer Bienendichte im Umkreis werden Krankheiten besonders leicht durch Verflug und Räuberei übertragen (RV, AF, VV).
- Die Wasserversorgung muss sowohl während des Winters zum Auflösen kristallinen Futters als auch im Sommer zum Kühlen des Nests ausreichend sein.
- Frühe und häufige Reinigungsflüge sind im Winter wichtig, damit kranke Bienen abgehen und es nicht zum Abkoten im Nest kommt (AC, NO, AR, RU).
- Schleichende Vergiftungen durch Emissionen schwächen die Bienenvölker und machen sie anfälliger für Krankheiten.
- Damit Krankheiten nicht in einem Gebiet verbreitet werden, benötigt man je nach Bundesland ein Gesundheitszeugnis, wenn man die Völker aus einem bestimmten Radius (z. B. Landkreis) verstellt.

Standortwahl: Stellen mit früher Schneeschmelze als Standplatz wählen.

Standortwahl: Beschatteten Winterstandort in Senken meiden.

Standortwahl: Nach Süden offenen Winterstandort mit abfließender Kälte wählen.

So wird's gemacht

- Standort mit möglichst ganzjährigem Trachtangebot im Umkreis von maximal drei Kilometern aussuchen.
- Auf ein besonders vielfältiges Angebot an Pflanzen (Biodiversität), insbesondere von Pollenspendern, achten.
- Standort mit geringer Bienendichte im Umkreis von einem Kilometer auswählen.
- Bei der Überwinterung auf ausreichend Wasserversorgung im Umkreis von einem Kilometer achten.
- Bei großer Hitze und schlechter Wasserversorgung eine Wassertränke anbieten.
- Feuchte Standorte, besonders in Senken oder am Fuß eines Dammes, meiden.
- Kaltluftseen anhand der verzögerten Schneeschmelze erkennen (AC, NO, AR).
- Bienenstand zur Überwinterung nach Süden offenhalten, damit die Bienen die Sonnenscheinphasen voll ausnutzen können und keine Kaltluftseen entstehen.
- Auf Windschutz für ungehinderte Reinigungsflüge und Trachtflüge achten.
- Emissionen aus Agrarflächen, Industrieanlagen und Verkehr ausweichen (VG).
- Beim Verbringen von Bienenvölkern an einen anderen Standort, z. B. bei einer Wanderung, die Bestimmungen der Veterinärbehörden beachten (AF).

Standortwahl: Bienen nehmen Wasser lieber an feuchten Stellen als an fließenden Gewässern auf.

Standortwahl: Kies in Wassertränke aus einem Behälter ständig befeuchten.

Standortwahl: Einen geschützten, nach Süden offenen Standort mit guter Versorgung an Pollen und Nektar wählen.

Beutentyp: Mit einem Lüftungsgitter das Verbrausen der Bienen in der geschlossenen Beute verhindern.

Wanderstand: Entsprechend den Vorgaben der Veterinärbehörde das Gesundheitszeugnis deutlich am Wanderstand anbringen.

VÖLKER AUFSTELLEN

Das gilt allgemein

- Krankheiten werden meist durch Verflug von Bienen oder durch Ausräubern von kranken oder eingegangenen Völkern übertragen.
- Schwärme suchen nach einer neuen Nesthöhle in einem Abstand von mindestens etwa einem Kilometer, um die Übertragung von Krankheiten einzuschränken.
- Schwärme bevorzugen Nesthöhlen in Bäumen in mindestens fünf Metern über dem Boden als Schutz gegenüber Räubern und um die Rückkehr von schwachen und kranken Bienen zu verhindern.

So wird's gemacht

- Nicht mehr als 10 bis 20 Völker an einem Standplatz halten.
- Völker möglichst locker einzeln oder paarweise am Standplatz aufstellen.
- Bei Vierergruppe, z. B. auf einer Palette, die Fluglöcher in verschiedenen Richtungen ausrichten.
- Nicht mehrere Völker in der Reihe direkt nebeneinander platzieren (CP, AF, EF, AP).
- Die Völker nicht auf den Boden, sondern auf einen Bock stellen (AC, NO, AR, VV).
- Im Winter und Frühjahr keine Aufstiegshilfen verwenden (AC, NO, AR).

Völker aufstellen: Aufstiegshilfen im Winter und Frühjahr entfernen, um die Rückkehr von kranken Bienen zu verhindern.

Völker aufstellen: In Bienenhäusern nur wenige Völker aufstellen.

Völker aufstellen: Zu große Bienenmassierung am Wanderplatz besonders nach Trachtende vermeiden.

Völker aufstellen: Bienenvölker locker aufstellen, um Übertragung von Krankheiten zu vermindern.

WAHL DES BEUTENTYPS

Das gilt allgemein

- Der Beutentyp wird durch die Größe und Form der Beute, das Wabenmaß und die Anordnung der Waben in Warm- und Kaltbau bestimmt, die meist nur wenig Einfluss auf die Gesundheit der Bienen haben.
- Der verwendete Werkstoff muss umweltverträglich, leicht zu reinigen, zu desinfizieren und haltbar sein.
- Kunststoff ist in der Bioimkerei nicht erlaubt (EU-Ökoverordnung).
- Bei der Wahl des Beutentyps steht vor allem der Wunsch der Imkerin bzw. des Imkers im Vordergrund.
- Die Isolation der Beute hat auch bei der Überwinterung keinen nennenswerten Einfluss auf den Futterverbrauch und die Bienengesundheit.
- Um den Gesundheitszustand des Bienenvolks bestimmen zu können, muss eine Einlage am Boden leicht kontrolliert werden können (VV, TL).
- Ein guter Putztrieb ist möglich und kranke Brut wird erkannt, wenn die Wabenzahl variabel der Volkstärke angepasst werden kann (AF, EF, KB, SB).
- Mit einem in der Größe variablen Nesteingang kann man den Bienen die Abwehr von Eindringlingen erleichtern (RV, AT, HV).

So wird's gemacht

- Den Beutentyp nach dem Motto „für die Bienen genehm und für die Imker*innen bequem" auswählen.
- Auf große, auch zusätzliche Isolation im Winter und während der Auswinterung verzichten.
- Nur umweltfreundliche und leicht zu desinfizierende und zu entsorgende Materialien verwenden.
- Beuten wählen, bei denen die Nestgröße leicht der Volkstärke angepasst werden können.
- Auf eine leicht zu kontrollierende Bodeneinlage achten.
- Einen Nesteingang mit variabler Größe wählen.

Beutenwahl: Die Anordnung und das Maß der Waben nach eigener Vorliebe wählen.

Beutenwahl: Auch bei geteilten Bruträumen die Nestanordnung möglichst wenig verändern.

Beutenwahl: Eine Bienenbeute mit leicht zu kontrollierendem Bodenschieber verwenden.

HALTUNG DER VÖLKER IM JAHRESABLAUF

Die Haltung der Völker hängt von der jeweiligen Betriebsweise ab, die an Klima, Bienenunterart und Beutentyp angepasst sein sollte. Hier werden keine Richtlinien zur Haltung gegeben, sondern nur die im Zusammenhang mit Bienenkrankheiten wichtigsten Aspekte aufgezeigt. Für detaillierte Angaben zum Klima am Standort in den Jahreszeiten siehe Wolfgang Ritter und Ute Schneider-Ritter „Das Bienenjahr: Imkern nach den 10 Jahreszeiten der Natur“, Verlag Eugen Ulmer, Stuttgart 2020.

SE

SCHWACHE VÖLKER ERKENNEN

Das gilt allgemein

- Schwach ausgewinterte Völker sind meist schon krank oder erkranken häufiger (KB, ST, SB.
- Schwache Völker sind häufig das Ziel einer Räuberei und tragen somit zur Ausbreitung von Krankheiten bei (RV, AT, HV, CP, VV, AP).
- Schwache Völker haben häufig Probleme mit Wachsmotten (KW, GW) und eignen sich nicht für die Zucht (SK).
- Auch mit gesunden vereinigte Völker entwickeln sich wegen der vielen Krankheitserreger aus dem schwachen Volk in der Regel nur schlecht.

So wird's gemacht

- Schwache Völker wegen der Übertragung von Krankheiten nicht sich selbst überlassen (AF, EF, VV).
- Schwache Völker nicht mit gesunden vereinigen.
- Immer gesund mit gesund und nur als „letzte" Chance krank mit krank vereinigen.

Schwache Völker erkennen: Bereits beim Öffnen der Beute die Volkstärke anhand der besetzten Wabengassen und hervorquellenden Bienen erkennen.

Schwache Völker erkennen: Bei zunächst stark erscheinenden Völkern zur Kontrolle Waben ziehen.

NE NEST EINENGEN

Das gilt allgemein

- Auch nur kurzzeitig unterkühlte Brut ist besonders anfällig für Krankheiten (KB).
- Im Frühjahr können insbesondere schwache, aber auch normal starke Völker die Brut in kalten Nächten nicht immer ausreichend wärmen.
- Völker haben wegen des nun im Verhältnis großen Nestraums Probleme, die Brut zu versorgen und für ausreichend Hygiene im Nest zu sorgen (AF, EF, KB, TL, VV, SB, AT, BC, KW, GW).

So wird's gemacht

- Von Bienen nicht belagerte, insbesondere schimmlige Randwaben entfernen.
- Bei Großraumbeuten Bienenvölker mit Schied einengen.
- Bei Kleinraumbeuten eventuell einen Raum entfernen.

Nest einengen: In Großraumbeuten die Größe des Brutraums mit einem Schied verändern.

Nest einengen: Von den Bienen nicht besetzte Futterwaben im Frühjahr entnehmen.

Nest einengen: Bei Kleinraumbeuten die Größe des Brutnests zargenweise verändern.

RÄUBEREI VERMEIDEN

Das gilt allgemein

- Am Ende der Tracht oder in längeren Pausen kommt es immer wieder zur Räuberei zwischen einzelnen Völkern.
- Räuberei wird oft durch offenes Futter, nicht versorgte Waben oder einfach nur den Geruch nach Honig und Bienen ausgelöst.
- Mit den raubenden Bienen werden häufig Krankheiten oder kontaminiertes Futter zwischen Völkern am Stand und zwischen Ständen in der Umgebung übertragen (AF, EF, AP, CP, VG, VT).

Räuberei vermeiden: Bei Räuberei die Fluglöcher bei allen Bienenvölkern am Stand einengen.

So wird's gemacht

- Futter und Wabenmaterial in trachtlosen Zeiten für Bienen unzugänglich lagern.
- Bienenbeuten nicht zu lange öffnen.
- Bei ausgebrochener Räuberei Fluglöcher stark einengen.
- Am Flugloch des ausgeräuberten Volks die Bienen mit Mehl bestäuben, um das räubernde Volk zu erkennen.
- Räuberndes Volk mindestens drei Kilometer entfernt aufstellen.

Räuberei vermeiden: Am geräuberten Volk die Bienen am Nesteingang mit Mehl bestäuben.

Räuberei vermeiden: Den Räuber an den mit Mehl bestäubten Heimkehrern erkennen.

MIT SCHWÄRMEN UMGEHEN

Das gilt allgemein

- Nur gesunde Bienenvölker vermehren sich durch Schwärmen (AF).
- Imkerinnen und Imker versuchen dies zu verhindern, damit mit dem Schwarm keine Bienen verloren gehen und es nicht zu Einbußen bei der Honigernte kommt.
- Je nach der gewählten Methode zur Schwarmverhinderung kann es dabei im Bienenvolk zu erheblichem Stress und einer verringerten Widerstandskraft gegen Krankheiten kommen ().
- Die Unterbrechung der Brutaufzucht im Schwarm und Muttervolk reduziert Parasiten der Brut (VV, TL)

So wird's gemacht

- Nicht durch zu große Raumgabe die Bruthygiene und Selbstheilungskraft des Bienenvolks vermindern.
- Nur vorsichtig schröpfen und den Raum erweitern.
- Schwärmen nur im Notfall durch Ausbrechen der Schwarmzellen unterbinden.
- Schwarmtrieb durch Bildung von Ablegern oder bei Spättrachten von Zwischenablegern nehmen.
- Während des Schwarmtriebs den Schwarm vorwegnehmen und den Varroabefall reduzieren (VV).

Mit Schwärmen umgehen: Das Schwärmen nur im Notfall durch Ausbrechen der Schwarmzellen verhindern.

Mit Schwärmen umgehen: Abgegangene Schwärme gezielt mit zuvor nicht benutzten Schwarmfangboxen anlocken und fangen (Bienenseuchenverordnung beachten!).

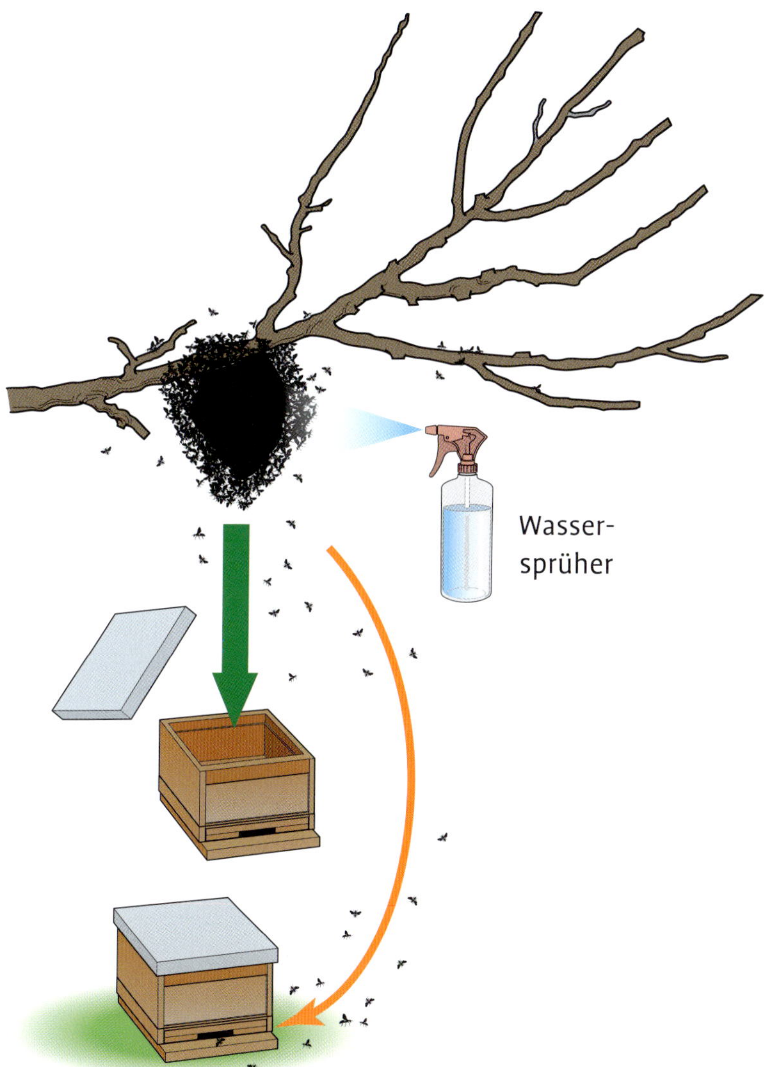

Mit Schwärmen umgehen: Der Schwarm wird vor dem Abklopfen in einen Fangkasten gut mit Wasser eingesprüht. Damit die restlichen Bienen zufliegen können, stellt man den Kasten bis zum Abend darunter auf den Boden. Den eingefangenen Schwarm sollte man wegen möglicher Krankheiten zunächst isolieren.

KÖNIGINNEN ZUKAUFEN

Das gilt allgemein

- In Mitteleuropa werden im Wesentlichen mit der Carnica, Ligustica und Mellifera drei Unterarten der *Apis mellifera* sowie mit der Buckfast-Biene ein Hybrid gehalten.
- Inwieweit die Bienengesundheit durch die Unterart beeinflusst wird, ist sehr umstritten und sicher abhängig von den Bedingungen am Standort und der Betriebsweise.
- Die höchste Widerstandskraft gegen Krankheiten weist in der Regel eine an die Bedingungen des Standorts angepasste Biene auf.
- Bei Inzucht bricht meist wegen des eingeschränkten Hygieneverhaltens Kalkbrut aus (KB).
- Man wird von Zeit zu Zeit auf frisches Zuchtmaterial zurückgreifen, um Inzuchtdefekten vorzubeugen.
- Am besten wählt man eine Linie aus, die sich unter ähnlichen Bedingungen als besonders widerstandsfähig erwiesen hat.

So wird's gemacht

- Königinnen nur von anerkannten Betrieben erwerben.
- Nicht immer wieder neue Linien ausprobieren, sondern der vorhandenen eine Chance geben (VV).
- Lokal angepasste, vitale Stämme bevorzugen.
- Auf den Ausbruch von Krankheiten, insbesondere Kalk- und Sackbrut, bei der Beurteilung einzelner Linien achten (KB, SB).
- Königinnen am besten nicht und erst recht nicht illegal importieren („Hosentaschenimport“).

Königin zukaufen: Vor allem angepasste Unterarten wie die Carnica bevorzugen.

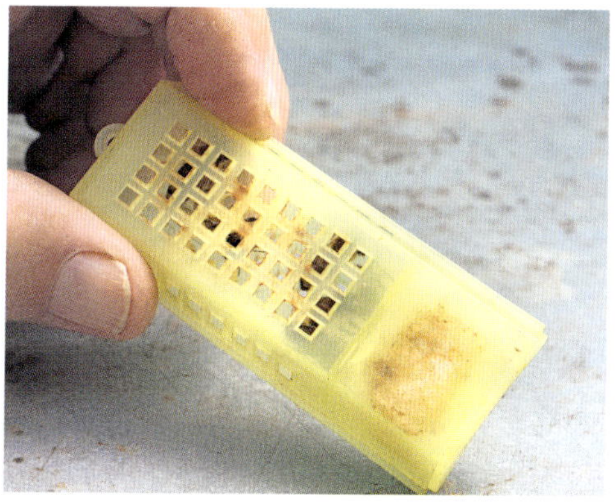

Königin zukaufen: Das Importverbot für Königinnen beachten.

Königin zukaufen: Bei Ausbruch von Kalkbrut die Möglichkeit von Inzuchtdefekten als Ursache einbeziehen.

VÖLKER UND ZUBEHÖR KAUFEN UND VERBRINGEN

Das gilt allgemein

- Beim Zukauf von Völkern können Krankheiten in die eigene Imkerei eingeschleppt werden (AF, EF, TL, AT).
- Völker nur mit Gesundheitszeugnis zukaufen und verbringen (z. B. bei Wanderung).
- Auch Beuten und Geräte können mit Krankheitskeimen und Parasiten kontaminiert sein.
- Mit dem zugekauften Honig, besonders importiertem, werden häufig Sporen der Amerikanischen Faulbrut übertragen (AF).

So wird's gemacht

- Bienenvölker nur mit Gesundheitszeugnis kaufen und verbringen.
- Erworbene gebrauchte Beuten und Geräte vor dem Einsatz desinfizieren (DG).
- Keine Waben von fremden Betrieben verwenden (AF).
- Niemals zugekauften oder betriebsfremden Honig an die Bienen verfüttern (AF, EF).

Völker kaufen und verbringen: Völker nur mit Gesundheitszeugnis kaufen und verbringen.

Zubehör kaufen: Ausschließlich eigenen Honig an Bienenvölker verfüttern.

Zubehör kaufen: Nur Waben aus dem eigenen Betrieb verwenden.

Bei der Bekämpfung von Krankheiten kann die Abtötung der betroffenen Völker und eine gründliche Desinfektion dabei helfen, den Infektionsdruck vom Bienenstand zu nehmen. Dies erlaubt es, mit weiteren biotechnischen Maßnahmen gezielt gegen Krankheiten vorzugehen. Dabei unterscheidet sich die Bekämpfung von Krankheiten der erwachsenen Bienen und der Brut grundlegend.

BEKÄMPFUNG MIT BIOTECH-NISCHEN METHODEN

ABTÖTEN UND DESINFIZIEREN

BIENENVÖLKER ABTÖTEN

Das gilt allgemein

- Bei manchen Krankheiten und sehr schwachen Völkern ist die Abtötung der Bienenvölker notwendig (AF, EF in CH, AT, ST, TL, SE).
- Insektizide können nicht verwendet werden, da sie Beuten und Wabenmaterial unbrauchbar machen würden.
- Bienen und Brut könnten durch Gefrieren getötet werden.
- Am Bienenstand eignet sich ein in einem Blechbehälter abgeglimmter Schwefelstreifen am besten, da das Material nach gutem Lüften wieder verwendet werden kann.

So wird's gemacht

- Im unteren Raum einige Waben entnehmen und Abstände zwischen Waben vergrößern (siehe A in Grafik gegenüber).
- Im oberen Raum mehrere Waben entnehmen, um Raum für den Behälter zu schaffen.
- Alternativ leere Zarge unter Brutraum zum Abbrennen des Schwefels stellen (siehe B in Grafik gegenüber).
- Beuten eventuell mit Klebestreifen oder anderem geeigneten Material abdichten.
- Nach Ende des Flugbetriebs das Flugloch am Vorabend schließen.
- Schwefelstreifen in Blechbehälter befestigen, in Beute stellen und sofort anzünden.
- Beute erst am nächsten Morgen öffnen und Schwefelgeruch entweichen lassen.
- Waben und tote Bienen entnehmen.
- Falls noch Bienen leben, sofort in geschlossener Beute erneut (wie oben beschrieben) schwefeln.

- Bienen durch Vergraben entsorgen.
- Waben einschmelzen oder bei Brutkrankheiten beseitigen (Verbrennen, Sondermüll etc.) (DW, DH).
- Bei anzeigepflichtigen Krankheiten nach Anweisung des zuständigen Amtes vorgehen (AF, AT, TL und EF in CH).

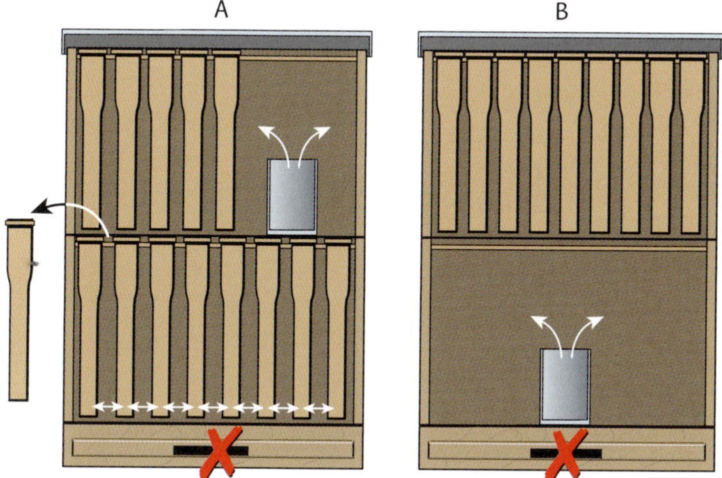

Abtöten: In Beute durch Herausnahme von Waben (A) oder mit einer untergestellten leeren Zarge (B) Platz schaffen und Schwefelstreifen in Blechdose im oberen oder unteren Raum abglimmen.

Abtöten: Schwefelstreifen in einer Blechdose abglimmen.

BEUTEN UND GERÄTE DESINFIZIEREN

Das gilt allgemein

- Bei anzeigepflichtigen Krankheiten ist immer nach Anweisung des zuständigen Amtes zu verfahren (AF, AT, TL, EF in CH).
- Zur Desinfektion eignen sich zurzeit am besten Desinfektionsmittel auf Basis von Peroxyessigsäure und Natronlauge.
- Natronlauge ist laut Biozid-Verordnung nicht zugelassen (EU528/2012).
- Für die amtlich angeordnete Desinfektion kann eine Genehmigung eingeholt werden.
- Desinfektionsmittel auf Grundlage von Peroxyessigsäure sind zurzeit für Bienen nicht zugelassen.
- 3%ige heiße oder 6%ige kalte Sodalauge eignet sich zur Desinfektion von fast allen Materialien außer Aluminium und tierischen Fasern wie Wolle.
- Holz- und Metallteile lassen sich mit Hitze desinfizieren.

So wird's gemacht

- Bei angeordneter Desinfektion nach Anweisung des zuständigen Amtes verfahren (AF, AT, TL, EF in CH).
- Bei an einer nicht anzeigepflichtigen Krankheit eingegangenen Völker mit Sodalauge oder Gasflamme desinfizieren (EF, ST, AP, SK, NO, AR, RU, CP).
- Wachs und Propolis von Beuten und Geräten mechanisch entfernen.
- Bei der Verwendung von Laugen Schutzbrille, Gummischürze und Gummihandschuhe tragen.
- Für 6%ige Sodalauge 60 g Soda in 1 Liter Wasser nach und nach auflösen (bei 3 % entsprechend 30 g Soda).
- Beuten und Geräte in die Sodalauge tauchen oder sie damit besprühen.

- Danach alles mit klarem Wasser gut abspülen.
- Gebrauchte Sodalösung über das Abwasser entsorgen.
- Beuten und Geräte aus Holz sowie Metallteile mit Gasflamme oder Lötbrenner leicht abflammen.

Beuten desinfizieren: Holzteile ausflammen, um auch die Sporen des Erregers der Amerikanischen Faulbrut abzutöten.

Beuten desinfizieren: Mit Hochdrucksprüher und Sodalauge zur Desinfektion aussprühen.

WABEN DESINFIZIEREN

Das gilt allgemein

- Bei anzeigepflichtigen Krankheiten ist immer nach Anweisung des zuständigen Amtes zu verfahren (AF, AT, TL, EF in CH).
- Zur Sanierung der Amerikanischen Faulbrut Wachs und Holzteile getrennt desinfizieren.
- Bei anzeigepflichtigen Krankheiten werden häufig die kompletten Waben und teilweise auch Beuten verbrannt.
- Brutwaben von an Krankheiten eingegangenen Völkern grundsätzlich vernichten.
- 60%ige technische Essigsäure eignet sich zum Entfernen von mit Viren, Kalkbrut-Sporen und Nosemasporen kontaminierten Waben (NO, AR, KB, RU, DF, AP, SK, SB).
- Pro Liter Rauminhalt 2 ml Essigsäure verwenden (z. B. 140 ml für Waben in zwei Zanderzargen).
- Waben mit Sporen von *Nosema ceranae* können durch kurzes Einfrieren abgetötet werden (NO).
- Stark mit Krankheitserregern kontaminierte Waben sollten besser vernichtet werden.

So wird's gemacht

- Bei angeordneter Desinfektion nach Anweisung des zuständigen Amtes verfahren (AF, AT, TL, EF in CH).
- Bei Amerikanischer Faulbrut Waben in einer spatentiefen Grube verbrennen und anschließend mit Erde abdecken.
- Natronlauge nur nach Anweisung des Veterinäramtes verwenden (DG).
- Brutwaben von an Krankheiten eingegangenen Völkern einschmelzen oder verbrennen.
- Bei der Verwendung von Essigsäure Schutzbrille und Gummihandschuhe tragen.
- Zur Desinfektion der bienenfreien Waben entweder Essigsäure in Behälter oben auf den Wabenstapel oder auf getränkten Schwammtüchern zwischen die Zargen legen.

- Während der Wirkzeit von ein bis zwei Tagen Waben möglichst luftdicht geschlossen halten.
- Vorratswaben zur Tötung der Sporen von *Nosema ceranae* dem Frost aussetzen (NO).
- Stark mit Krankheitserregern kontaminierte Waben einschmelzen.

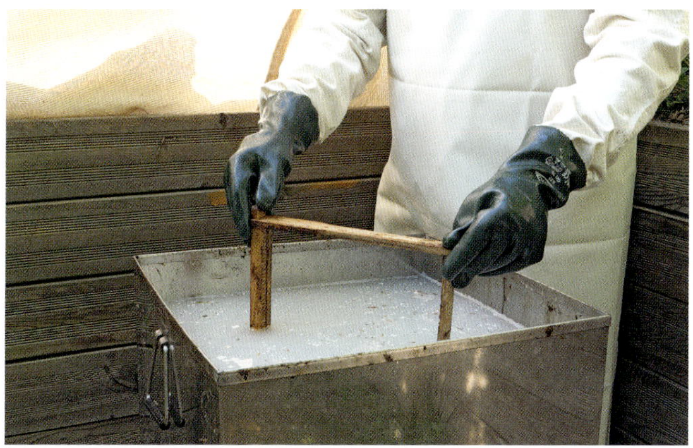

Waben desinfizieren: Zur Desinfektion auch des Erregers der Amerikanischen Faulbrut Wabenrähmchen in heiße Natronlauge tauchen.

Waben desinfizieren: Mit Essigsäure getränkte Schwammtücher auf oder zwischen die Zargen mit bienenfreien Waben legen.

WACHS UND HONIG DESINFIZIEREN

Das gilt allgemein

- Bei anzeigepflichtigen Krankheiten ist immer nach Anweisung des zuständigen Amtes zu verfahren (AF, AT, TL, EF in CH).
- Bei Amerikanischer Faulbrut wird das Wachs mit den Waben vernichtet oder als „Seuchenwachs" an einen zugelassenen Betrieb abgegeben (AF, ST).
- Bei ansteckenden Krankheiten darf Honig nicht an Bienen verfüttert werden (AF, EF in CH).
- Zur Vorbeuge eines Ausbruchs von Brutkrankheiten kann das aus Waben gewonnene Wachs erhitzt werden.
- Honig aus an Krankheiten eingegangenen Völkern sollte nicht an Bienen verfüttert werden (EF, DF, AP, NO, CP).
- Beim Erhitzen von Honig entsteht HMF (Hydroxymethylfurfural), das ihn für Bienen unbekömmlich und als Lebensmittel unbrauchbar macht.
- Da alle Krankheitserreger bienenspezifisch sind, kann der Honig als Lebensmittel verwendet werden.

So wird's gemacht

- Bei anzeigepflichtigen Krankheiten immer nach Anweisung des zuständigen Amtes verfahren (AF, AT, TL, EF in CH).
- Bei Amerikanischer Faulbrut bei entsprechender Anweisung des Veterinäramtes das Wachs als „Seuchenwachs" an einen zugelassenen wachsverarbeitenden Betrieb abgeben (AF, EF in CH).
- Zur Vorbeuge von Brutkrankheiten das geschmolzene Wachs in einem Klärbehälter für 60 Minuten auf 135 °C erhitzen.
- Honig aus erkrankten Völkern nicht an Bienen verfüttern.
- Honig kann als Lebensmittel abgeben werden (bei Amerikanischer Faulbrut nur mit Zustimmung des Amtes).

Wachs desinfizieren: Im doppelwandigen Klärbehälter bei 135 °C desinfizieren.

Honig desinfizieren: Honig aus erkrankten Völkern kann in der Regel bedenkenlos ohne vorherige Desinfektion als Lebensmittel abgegeben werden.

Honig desinfizieren: Nur eigenen und seuchenfreien Honig als Futter für Bienen verwenden.

BEKÄMPFUNG VON KRANKHEITEN DER BRUT

SELBSTHEILUNG DURCH VERBESSERTE BRUTHYGIENE

Das gilt allgemein

- Mit dem Einengen des Nests wird die von den Bienen zu kontrollierende Fläche kleiner und mehr kranke Brut wird ausgeräumt (AF, EF, KB, ST, TL, VV, SB, AP, SK, CP).
- Dünnflüssiges Zuckerwasser füttern, täuscht eine Tracht vor und die Bienen versuchen, möglichst viele Zellen für die vorübergehende Lagerung freizumachen.
- Mit Zuckerwasser oder Honiglösung besprühte Waben werden von den Putzbienen zusammen mit den Brutzellen gereinigt.
- Füttern in trachtlosen Zeiten führt oft zu Räuberei (RV).
- Mit der Entnahme von Brutwaben wird der Umfang der zu reinigenden Zellen reduziert und diese Aktivität auf anderen Waben erhöht.
- Beschränkt sich eine Erkrankung auf bestimmte Zuchtlinien oder Nachzuchten, ist das geringe Hygieneverhalten genetisch bedingt, und man sollte die alte Königin gegen eine besser geeignete austauchen („umweiseln“) (ZK).

So wird's gemacht

- Nest mit einem Schied einengen oder Zargen-Wabenzahl reduzieren (NE).
- Möglichst dünnflüssiges Zuckerwasser (1 : 1) oder Honiglösung füttern (Gefahr von Räuberei!) (RV).
- Wabe mit dünnem Zuckerwasser oder Honiglösung besprühen (Gefahr von Räuberei!) (RV).
- Zum Senken des Befallsdrucks Brutwaben entnehmen (SW).
- Bei wiederholtem Ausbruch einer Krankheit die Königin gegen eine Linie mit besserem Hygieneverhalten austauschen (umweiseln) (ZK).

Bruthygiene erhöhen: Nest mit Schied einengen.

Bruthygiene erhöhen: Dünnflüssiges Zuckerwasser oder Honiglösung z. B. in einer Futtertasche anbieten.

Bruthygiene erhöhen: Wabe mit dünnem Zuckerwasser oder Honiglösung besprühen.

SELBSTHEILUNG DURCH ENTNOMMENE WABEN MIT BRUT

Das gilt allgemein

- Den Befalls- bzw. Infektionsdruck kann man im Bienenvolk mit der Entnahme von stark befallenen bzw. infizierten Brutwaben vermindern (EF, KB, VV, SK, SB).
- Bienen können die verbliebenen Brutwaben besser kontrollieren und befallene bzw. infizierte Brut entfernen (Bruthygiene).
- Die Waben mit kranker Brut müssen eliminiert werden.

Brutwaben entnehmen: Damit man nicht die Königin gefährdet, die Wabe vor dem Abfegen kontrollieren.

So wird's gemacht

- Stark befallene bzw. infizierte Brutwabe aus dem Brutnest entnehmen.
- Königin in Volk zurückgeben.
- Bienen abklopfen oder abkehren.
- Brutwaben einschmelzen oder verbrennen.

Brutwaben entnehmen: Die Bienen von der entnommenen Brutwabe abklopfen oder abkehren.

Brutwaben entnehmen: Die entnommenen Brutwaben z. B. im Sonnenwachsschmelzer einschmelzen.

VOLLSTÄNDIGE BRUT-ENTNAHME UND BRUTLING

Das gilt allgemein

- Um die Brut von den Flugbienen zu trennen, werden aus dem Bienenvolk ein Brutling und ein Flugling gebildet.
- Die Methode ist bei starkem Varroabefall mit bereits geschädigten Bienen einer Behandlung mit Arzneimitteln vorzuziehen (VV, DF).
- Je nach Jahreszeit können aus dem Flugling und aus den aus den Brutwaben geschlüpften Bienen zwei gesunde Völker auf neuen Waben aufgebaut werden (VV, TL, KB, SB, KW, CP).
- Die Brut kann 10 bis 14 Tage vor oder während Ernte der Frühtracht entnommen werden, da die Bienen kurzfristig weniger Brut pflegen und mehr Nektar sammeln können.
- Das Verfahren sollte nicht während und nach der Aufzucht der Winterbienen ab Spätsommer (meist August) durchgeführt werden.

So wird's gemacht

- Alte Beute bleibt als Flugling auf dem alten Standplatz.
- Königin suchen und eventuell in einem Käfig oder auf einer Wabe sichern und in den Flugling geben.
- Am sichersten Königin in einem Ausfresskäfig mit Futterteig zum Flugling geben.
- Flugbienen fliegen in die mit Mittelwänden, leeren Waben und Futterwaben und der Königin versehene Beute zurück.
- Varroose: Fangwabe mit offener Brut in das brutfreie Volk geben und nach dem Verdeckeln vernichten.
- Varroose: Alternativ die Bienen mit einem Arzneimittel mit den Wirkstoffen Oxalsäure oder Milchsäure besprühen (AV).
- Andere Brutkrankheiten: Aus Flugling neues Bienenvolk aufbauen.
- Der Brutling erhält sämtliche Brutwaben mit aufsitzenden Bienen.

Brutling und vollständige Brutentnahme: Brutwaben aus Bienenvolk entnehmen.

Vollständige Brutentnahme: Bei der vollständigen Brutentnahme Bienen von Brutwaben abkehren oder abklopfen.

- Brutling oder Sammelbrutableger entweder auf einem anderen Stand oder am selben Stand entweder in einiger Entfernung oder direkt neben den Flugling aufstellen.
- Brutwaben je nach Befall weiter verwerten oder entsorgen.
- Bei hohem Befall mit Varroamilben oder Infektion Brutwaben einschmelzen.
- Bei niedrigem Befall bzw. Infektion Brutwaben im Brutling schlüpfen lassen.
- Varroose: Geschlüpfte Bienen mit einem Arzneimittel mit den Wirkstoffen Oxalsäure oder Milchsäure im Kunstschwarm besprühen oder eine Fangwabe mit offener Brut verwenden (AV, VV).
- Andere Brutkrankheiten: Nach dem Schlupf der Bienen Brutwaben entfernen und einschmelzen (TL, KB, SB, KW, CP).
- Bei Bedarf Bienenvölker füttern.
- Varroose: Eventuell Flugling und Bienen aus Brutling nochmals im Spätsommer mit einem Arzneimittel behandeln (AV).

Vollständige Brutentnahme: Bautätigkeit im Bienenvolk beobachten.

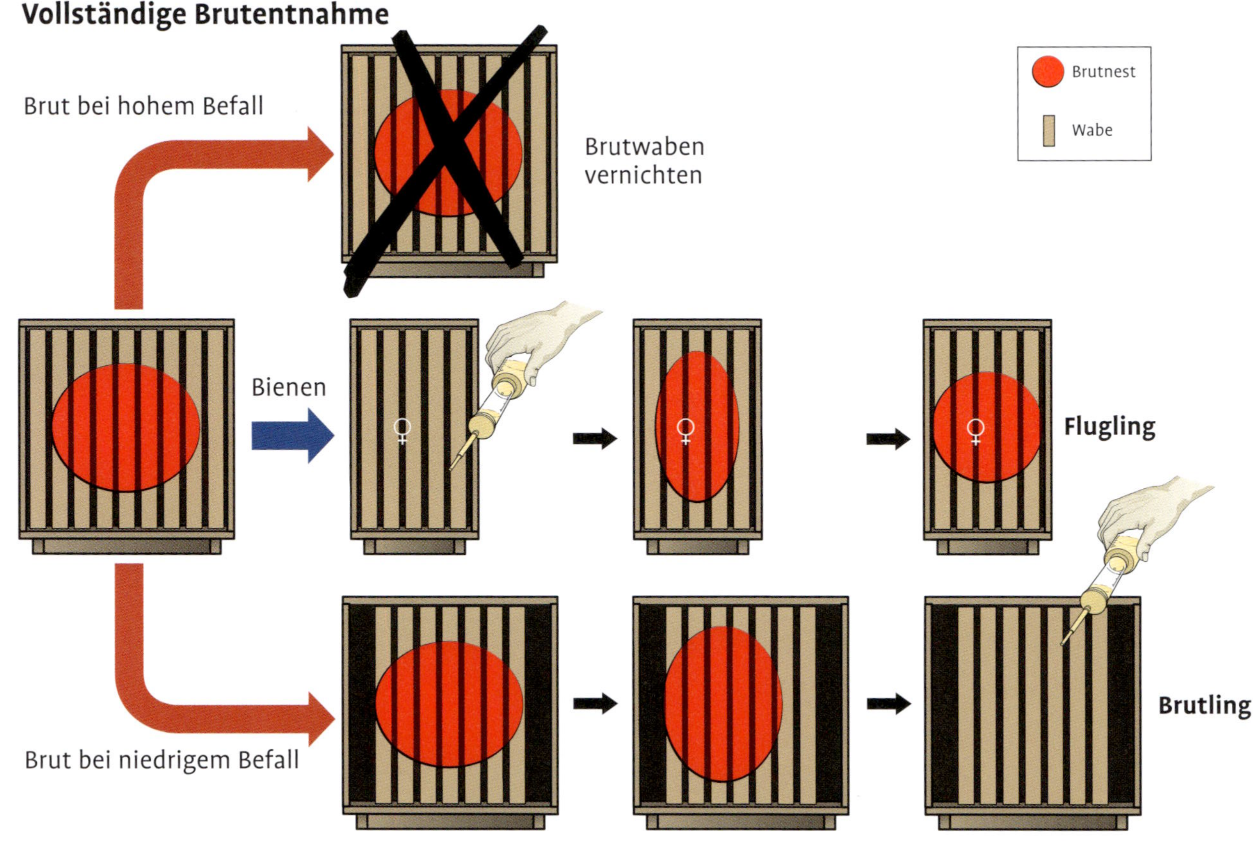

Brutling und vollständige Brutentnahme: Bei stark befallener Brut alle Brutwaben vernichten (vollständige Brutentnahme: oben) oder bei schwach befallener Brut Bienen nach dem Schlüpfen behandeln (Brutling bilden: unten).

BILDUNG VON KUNSTSCHWÄRMEN ALS ABLEGER

Das gilt allgemein

- Um den Befalls- bzw. Infektionsdruck zu reduzieren und eine Neuinfektion zu vermeiden, können sämtliche Waben entfernt werden.
- Varroose: Im Sommer halten sich die Milben bevorzugt in der Brut und nur wenige auf den Bienen auf (VV).
- Varroose: Die Kunstschwärme können bei Bedarf sofort mit einem Arzneimittel behandelt werden (AV, VV).
- Andere Brutkrankheiten: Die Erreger der Krankheiten befinden sich weniger auf adulten Bienen, sondern vor allem auf Brutwaben, aber auch anderen Waben z. B. im Futter (EF, KB, SK, KW, SB, AT, AP, DF).
- Das Kunstschwarmverfahren eignet sich für Frühtrachtgebiete, da das Stammvolk geschwächt wird.

So wird's gemacht

- Königin suchen und eventuell in einem Käfig oder auf einer Wabe sichern, damit sie nicht aus Versehen mit abgekehrt wird.
- Ablegerkasten mit Baurahmen bei Naturwabenbau, sonst mit Mittelwänden oder Waben füllen.
- Ein bis zwei Kilogramm Bienen von Honig- und Brutwaben des Stammvolks abkehren.
- Ableger mindestens drei Kilometer entfernt aufstellen.
- Bleibt der Ableger am gleichen Standort, mehr Bienen abkehren, da viele Flugbienen in das Stammvolk zurückkehren.
- Varroose: Ableger auf Waben oder als Kunstschwarm mit einem Arzneimittel, z. B. mit dem Wirkstoff Oxal- oder Milchsäure, besprühen (AV).
- Varroose: Alternativ kann eine Brutwabe mit junger Brut als Fangwabe zugegeben und nach dem Verdeckeln entnommen werden (VV).
- Außerhalb der Tracht die Bautätigkeit durch Futtergaben z. B. in einer Futtertasche anregen.

Kunstschwarm: Bienen in eine Schwarmbox abklopfen.

Kunstschwarm: Steht der Ablegerkasten in der Nähe des alten Standplatzes, müssen wegen des Rückflugs mehr Bienen abgefegt werden.

Kunstschwarm: Bautätigkeit kontrollieren.

GESCHLOSSENES KUNSTSCHWARMVERFAHREN

Das gilt allgemein

- Bei infektiösen Brutkrankheiten (Bakterien, Pilze, Viren) kann mit dem gesamten Volk ein geschlossenes Kunstschwarmverfahren durchgeführt werden (EF, TL, VV, KB, SB).
- Bei Amerikanischer Faulbrut sind die Anweisungen des zuständigen Amtes zu befolgen (AF, EF in CH).
- Das Verfahren kann im Sommer und nur bei späten Trachten von z. B. Phazelie und Senf auch später durchgeführt werden.
- Für das geschlossene Kunstschwarmverfahren werden entsprechend viele Behälter für Kunstschwärme benötigt.
- Ein dunkler kühler Raum z. B. Keller muss für mehrere Tage zur Verfügung stehen.

So wird's gemacht

- Wenn die sanierten Völker wieder am selben Standort aufgestellt werden sollen, den genauen Standplatz markieren und protokollieren.
- Die Bienen nach eingestelltem Flug von den Waben in einen Schwarmkasten oder -karton abklopfen oder fegen.
- Kunstschwarm für zwei bis drei Tage in dunklen, kühlen Raum stellen, damit die Bienen das kontaminierte Futter verbrauchen und die Sporen im Haarkleid abstreifen.
- Bei längerer „Dunkelhaft" den Schwarm mit Zuckerwasser im Verhältnis 1 : 1 füttern.
- Bienen am alten Standplatz oder mindestens drei Kilometer entfernt in neue desinfizierte Beute mit Mittelwänden oder bei Naturwabenbau mit Baurahmen einlogieren.
- In trachtlosen Zeiten das Bienenvolk füttern.
- Aus dem Kunstschwarm baut sich auf neuen Waben ein gesundes Volk auf.

Geschlossener Kunstschwarm: Für die Sanierung der Amerikanischen Faulbrut die Bienen in einen Einmal-Schwarmkarton fegen.

Geschlossener Kunstschwarm: Bei Mittelwänden den Schwarm auf entsprechenden Rahmen einlogieren.

Geschlossener Kunstschwarm: Aus dem Kunstschwarm im Naturwabenbau mit Baurahmen (ohne Mittelwände) ein gesundes Volk aufbauen.

OFFENES KUNSTSCHWARM-VERFAHREN

Das gilt allgemein

- Bei infektiösen Brutkrankheiten (Bakterien, Pilze, Viren) und Parasiten kann mit dem gesamten Volk ein offenes Kunstschwarmverfahren durchgeführt werden (EF, VV, TL, KB, SB).
- Bei Amerikanischer Faulbrut sind die Anweisungen des zuständigen Amtes zu befolgen (AF, EF in CH).
- Das Verfahren kann im Sommer und nur bei späten Trachten von z. B. Phazelie und Senf auch später durchgeführt werden.
- Das offene Kunstschwarmverfahren hat den Vorteil, dass die Bienen direkt am alten Standplatz in die neue Beute einlogiert werden können.
- Mit dem vorläufigen Wabenbau an den Oberträgern werden die meisten Erreger aus der Honigblase und dem Haarkleid der Bienen entfernt.
- Wenn die Königin nicht gefunden wird, kann man sie mit einem Absperrgitter aussondern.

So wird's gemacht

Offenen Kunstschwarm direkt am Standplatz nach Ablaufschema auf Seite 179 durchführen.

- Vorbereitung (1):
  - Im zu sanierenden Volk die Königin käfigen.
  - Entseuchte, leere, einzargige Beute bereitstellen.
  - Je nach Volkstärke und Beutentyp drei bis vier Oberträger mit Wachsstreifen als Bauhilfe einhängen.
  - Käfig mit Königin am mittleren Oberträger aufhängen.
- Beutenwechsel (2):
  - Das Volk neben oder hinter den alten Standplatz platzieren.
  - Vorbereitete entseuchte Beute mit weit geöffnetem Flugloch auf dem alten Standplatz aufstellen.

Offener Kunstschwarm: Oberträger aus Leisten mit kleinen Wachsstreifen für den vorläufigen Wabenbau verwenden.

Offener Kunstschwarm: Bienen von den Waben in desinfizierte Beute abkehren oder abklopfen.

- Abkehren (3):
  - Vor dem Flugloch ein Brett als Steighilfe anbringen.
  - Bienen von den Waben auf eine darauf ausgebreitete Zeitung schlagen bzw. abkehren.
  - Beutendeckel schließen.
  - Wenn die Königin nicht gefunden wurde, die Bienen auf eine Zeitung über einem Absperrgitter direkt in die Beute kehren.
- Desinfektion (4):
  - Alte Beute mit den Waben entfernen.
  - Beute und Waben desinfizieren oder verbrennen.
  - Königin mit Futterteig freilassen, sobald sich die Situation am Stand beruhigt hat.
- Abschluss (5):
  - Frühestens drei Tage später Oberträger mit teilweise ausgebauten Waben herausnehmen.
  - Die mit Faulbrutsporen kontaminierten Oberträger mit dem Wabenbau verbrennen.
  - Rähmchen mit Mittelwänden oder bei Naturwabenbau Baurahmen einhängen.

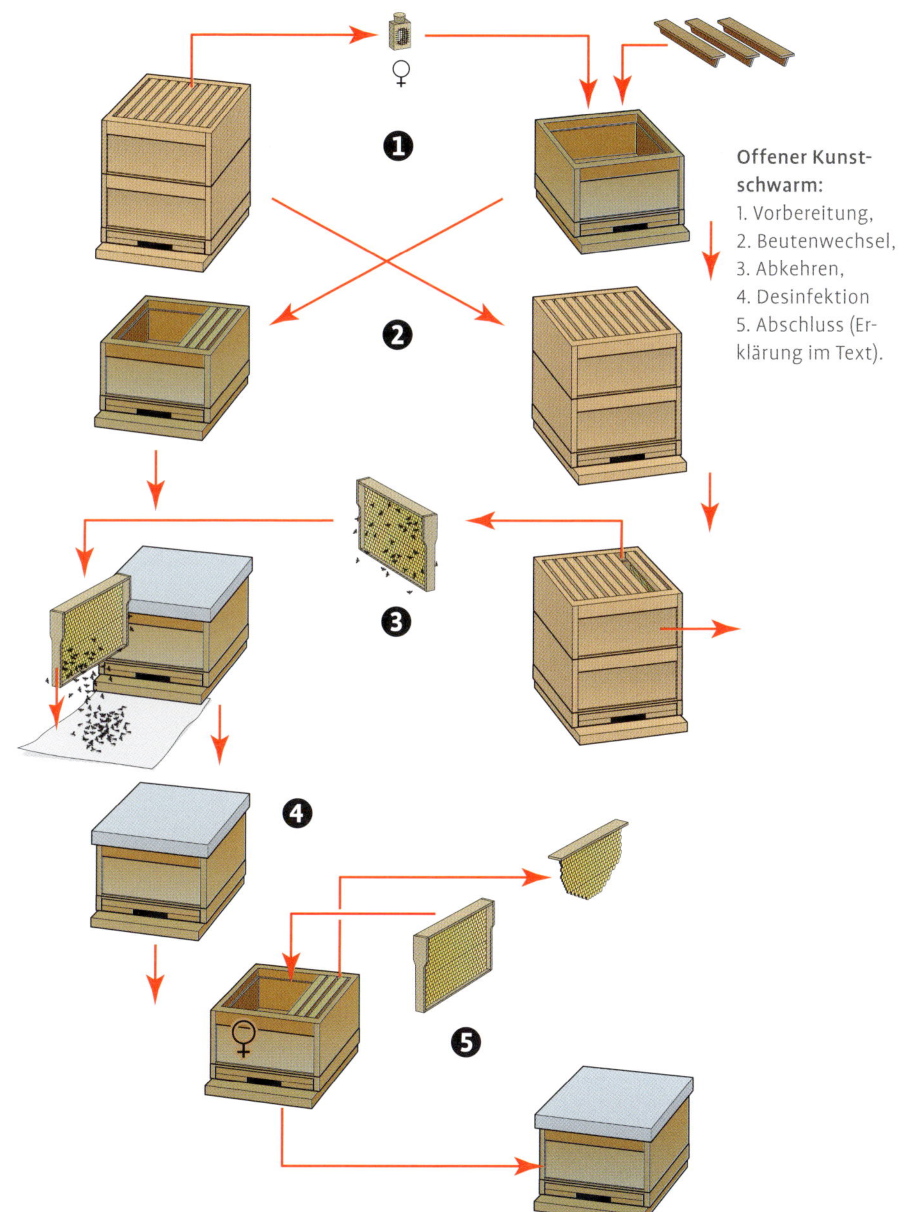

Offener Kunstschwarm:
1. Vorbereitung,
2. Beutenwechsel,
3. Abkehren,
4. Desinfektion
5. Abschluss (Erklärung im Text).

BEKÄMPFUNG VON KRANKHEITEN DER ERWACHSENEN BIENEN

MIT ENTFERNTEN FLUGBIENEN DIE SELBSTHEILUNG ERMÖGLICHEN

Das gilt allgemein

- Ein Bienenvolk kann sich selbst heilen, wenn die infizierten oder erkrankten Flugbienen vom Bienenvolk entfernt werden (NO, AR, CP).
- Das Bienenvolk wird vom alten Standplatz entfernt, damit die Flugbienen nicht mehr ins Nest zurückfinden.
- Am alten Standplatz können die Flugbienen in einer leeren Beute abgefangen werden.
- Wenn man den Boden der alten Beute verwendet, gehen die Bienen eher in die „leere" Beute zurück.
- Ein bis zwei Futterwaben in der Beute hält die Flugbienen im Kasten.
- In trachtlosen Zeiten werden wegen der Gefahr von Räuberei besser leere Waben verwendet (RV).
- Im verbliebenen alten Bienenvolk werden bald andere Bienen zu Flugbienen.

So wird's gemacht

- Bienenvolk mit sämtlichen Waben in einer Entfernung von mindestens 10 m zum alten Standplatz verstellen.
- Auf dem alten Standplatz leere Beute mit Futterwabe und möglichst dem alten Boden zum Abfangen der Flugbienen stellen.
- Am Abend Flugloch schließen und Flugbienen abtöten.

Flugbienen entfernen: Leere Beute mit Futterwabe zum Abfangen der Flugbienen am alten Platz aufstellen.

Flugbienen entfernen: Das alte Volk abseits stellen, damit die Flugbienen an den alten Standplatz zurückfliegen. Schon nach wenigen Stunden tragen die ersten „Stockbienen" Pollen ein.

ÖLFALLEN FÜR DEN KLEINEN BEUTENKÄFER

Das gilt allgemein

- Der Kleine Beutenkäfer flieht vor den ihm nachstellenden Bienen in schmale Zwischenräume, in die die Bienen nicht gelangen können (AT).
- Mit Ölfallen am Boden können abfallende Käfer gefangen werden, aber das gleichzeitig abfallende Gmüll macht die Reinigung schwierig.
- Kleine Ölfallen in den Wabengassen können leichter gehandhabt und gereinigt werden.

So wird's gemacht

- Ölfallen mit Speiseöl füllen.
- Eine oder mehre Fallen in die Wabengassen hängen.
- Je nach Befall die Fallen in Zeitabständen leeren und das Öl erneuern.

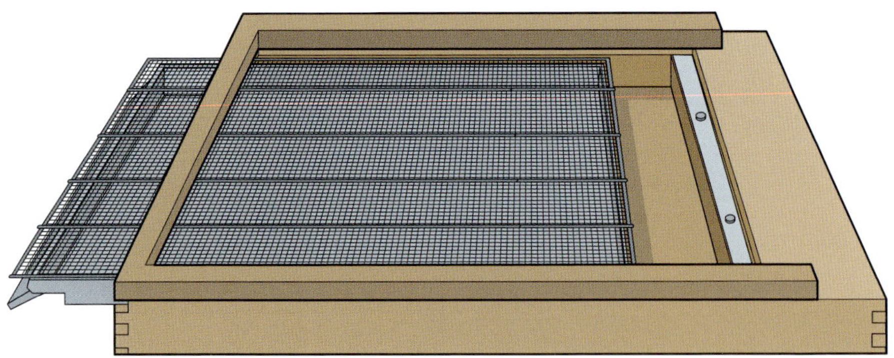

Ölfalle für Käfer: In Bodenfallen werden die Käfer in der bis zur Hälfte gefüllten Bodenwanne gefangen.

Ölfalle für Käfer: Die kleinen Plastikwannen zum Einmalgebrauch passen genau zwischen die Wabengassen.

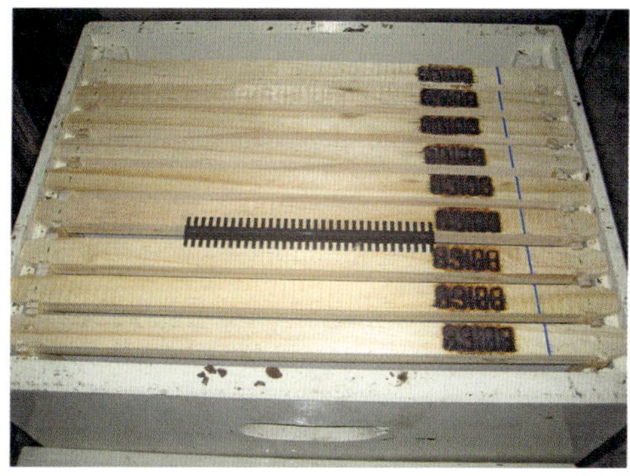

Ölfalle für Käfer: Eine oder mehrere Ölfallen werden zwischen die Wabengassen gehängt.

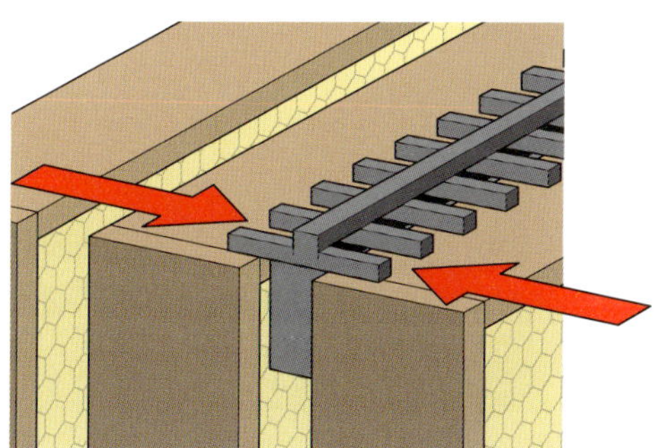

Ölfalle für Käfer: Beim Versuch sich zu verstecken, fallen die Käfer in die wiederverwendbare Ölfalle.

ISOLIERUNG KRANKER VÖLKER

Das gilt allgemein

- Bienenkrankheiten, insbesondere Virosen wie die Chronische Paralyse, werden leicht durch den Verflug von Bienen am selben Standort übertragen (CP, AP, VV).
- Durch Krankheiten geschwächte Bienenvölker werden oft von anderen ausgeraubt und dadurch die Erreger der Krankheit übertragen (SE).
- Verdächtige Völker werden daher besser auf einem abgelegenen Stand, einem Krankenstand, isoliert (SA).
- Wenn das Volk wieder gesund erscheint, kann es an den alten Standplatz und nach drei Wochen an eine andere Stelle am alten Standort zurückgebracht werden.

So wird's gemacht

- Bienenvolk abends schließen und an einen anderen, mindestens 3 km entfernten Stand verbringen.
- Krankheitsverlauf auf neuem Standort überwachen.
- Gesundes Volk erst nach mindestens 3 Wochen auf den alten Standort zurückbringen.

Völker isolieren: Wenn häufig einzelne Völker erkranken, einen abgelegenen Krankenstand einrichten.

Grundsätzlich dürfen zur Behandlung von Krankheiten der Honigbienen nur zugelassene Arzneimittel verwendet werden. Da es sich um Lebensmittel produzierende Tiere handelt, unterliegen sie besonders strengen Zulassungskriterien. Mit Ausnahme zur Behandlung der Varroa-Virus-Infektion sind zurzeit in der EU und der Schweiz keine Arzneimittel für Honigbienen zugelassen.

ANWENDUNG
VON ARZNEI-
MITTELN

ALLGEMEINES ZU ARZNEIMITTELN

Das gilt allgemein

- Bei der Anwendung von Arzneimitteln unterliegen Bienenvölker besonders strengen Bestimmungen, da sie ein Lebensmittel, den Honig, produzieren. Dies gilt unabhängig davon, ob von ihnen tatsächlich Honig geerntet wird.
- Am Bienenvolk dürfen nur die im jeweiligen Land zugelassenen Tierarzneimittel angewandt werden.
- Für die Bekämpfung der Europäischen und Amerikanischen Faulbrut sowie anderer Bienenkrankheiten dürfen in der EU und in der Schweiz keine Antibiotika eingesetzt werden (AF, EF).
- Mit Ausnahme zur Behandlung der Varroa-Virus-Infektion (Varroose) sind in der EU und in der Schweiz keine Arzneimittel für Honigbienen zugelassen (AV).
- Manche Arzneimittel gegen die Varroamilbe sollen als Nebenwirkung auch gegen andere Krankheiten wirken, ohne dafür besonders geprüft und zugelassen zu sein.
  - Thymol wirkt durch Erhöhen des Putztriebs auch gegen Kalkbrut (KB).
  - Ameisensäuredämpfe töten auch Nosemasporen (NO).
  - Ameisensäure- und Thymol-Dämpfe sollen bei Acarapisose gegen die Milben in den Tracheen wirken (AC).
  - Bisher in der EU nicht zugelassene Kontaktstreifen mit dem Wirkstoff Coumaphos können nach tierärztlicher Anweisung zur Bekämpfung des Kleinen Beutenkäfers auf der welligen Seite einer Pappe befestigt und diese umgedreht auf den Boden gelegt werden. Der Käfer flüchtet unter die Pappe, kommt mit dem Kontaktstreifen in Berührung (AT).
- Da Bienenvölker Lebensmittel produzieren:
  - Dürfen nur zugelassene Arzneimittel angewandt werden.
  - Müssen alle Anwendungen von Arzneimitteln in ein Bestandsbuch eingetragen und dieses fünf Jahre aufgehoben werden (AV).

- Arzneimittel mit synthetischen Wirkstoffen wie Pyrethroide und Amitraz wirken in Völkern mit und ohne Brut, sind aber in einer ökologisch ausgerichteten Bienenhaltung nicht zulässig (EU-Ökoverordnung).

So wird's gemacht

- Nur zugelassene Arzneimittel nach Vorschrift des Herstellers verwenden.
- Die Arzneimittel erst nach der Tracht und Abnahme des Honigraums sowie im Winter anwenden.
- Die für Arzneimittel vorgeschriebenen Wartefristen und Hinweise im Beipackzettel bis zur nächstmöglichen Honigernte nach der Anwendung des Arzneimittels einhalten.
- Alle Anwendungen von Arzneimitteln in ein Bestandsbuch eintragen und dieses fünf Jahre aufheben.

Arzneimittel allgemein: Antibiotika dürfen in der EU und der Schweiz nicht an Bienenvölker (auch nicht als Zusatz von Futter) verabreicht werden.

Arzneimittel allgemein: Bei der Behandlung der Varroose mit Thymol wird der Putztrieb der Bienen angeregt und kranke Brut, wie hier Kalkbrut, verstärkt ausgeräumt.

Arzneimittel: Bei der Bekämpfung des Kleinen Beutenkäfers können nach tierärztlicher Anweisung Kontaktstreifen auf der welligen Seite einer Pappe befestigt und umgedreht auf den Boden gelegt werden.

ARZNEIMITTEL UND VARROA-VIRUS-INFEKTION

Das gilt allgemein

- Zur Bekämpfung der Varroa-Virus-Infektion (Varroose) werden vor allem Arzneimittel mit Wirkstoffen aus ätherischen Ölen (Thymol) und organischen Säuren (Ameisensäure, Milchsäure) verwendet (VV).
- Ameisensäure wird vor allem in Applikatoren und Thymol auf Trägerstreifen verdampft.
- Oxalsäure wird entweder wie Milchsäure gesprüht oder geträufelt und verdampft (sublimiert).
- Arzneimittel mit synthetischen Wirkstoffen wie Pyrethroide und Amitraz sind in einer ökologisch ausgerichteten Bienenhaltung nicht zulässig (EU-Ökoverordnung) und werden auch in einer naturnahen Imkerei nicht eingesetzt.

So wird's gemacht

- Nur zugelassene Arzneimittel nach Vorschrift des Herstellers verwenden.
- Arzneimittel nach Brutzustand des Bienenvolks auswählen (siehe Übersichtstabelle).
- Für die Anwendung vorgesehene Jahreszeit und Witterung (Temperaturspanne) beachten.
- In Völkern mit Brut nur Arzneimittel mit Wirkstoffen wie Ameisensäure und Thymol anwenden, die auf die Milben in der Brut oder über einen längeren Zeitraum wirken.
- In Völker ohne Brut nur Arzneimittel mit Wirkstoffen wie Milchsäure und Oxalsäure anwenden, die unmittelbar auf die Milben auf den Bienen wirken.
- In der Übersichtstabelle sind alle zugelassenen Arzneimittel mit wichtigen Details zur Zulassung und Anwendung aufgeführt.

Ausführliche Anweisungen für die Bekämpfung der Varroa-Virus-Infektion finden Sie in Ritter, „Varroa unter Kontrolle: Schnell checken und lösen", Verlag Eugen Ulmer, Stuttgart 2023.

Arzneimittel gegen Varroamilbe: Ameisensäure in geeigneten Applikatoren (hier Nassenheider-Verdunster) verdampfen.

Arzneimittel gegen Varroamilbe: Thymol auf geeigneten Trägern zum Verdunsten auf die Oberträger legen.

Arzneimittel gegen Varroamilbe: Organische Säuren wie Oxalsäure auf die Bienen sprühen.

Arzneimittel gegen Varroamilbe: Oxalsäure auf die Bienen in der Wintertraube träufeln.

Arzneimittel gegen Varroamilbe: Kristalline Oxalsäure in Bienenvölkern im Winter sublimieren.

Arzneimittel gegen Varroamilbe: Streifen mit synthetischen Pyrethroiden zwischen die Wabengassen hängen.

DIAGNOSE VON AUFFÄLLIGKEITEN UND KRANKHEITEN BEI ERWACHSENEN BIENEN

		Auffälligkeiten am Nesteingang						Auffälligkeiten im Bienenvolk					Tote Bienen		Proben		
		Flugbetrieb	Tote Bienen	Auffällige Bienen	Spuren	Gerüche	Horchen	Gemüll Bodeneinlage	Zustand Bienenvolk	Verlust der Königin	Futtermangel	Verkotete Waben	Tote Bienen in Beute	Bienenleere Beuten	Proben adulte Bienen	Gemüll	Käfer
Auffälligkeiten/ Krankheiten	**Code**	NF	NT	NA	NS	NG	NH	GU	ZB	VK	FM	WK	BT	BL	PA	PG	PK
Acarapisose	AC		■	■			■		■		■		■		■		
Nosemose	NO		■	■	■				■			■	■		■		
Amöbenruhr	AR		■	■	■				■			■	■		■		
Ruhr (Durchfall)	RU			■	■	■		■	■		■		■		■		
Nichtansteckende Schwarzsucht	SS		■	■					■				■		■		
Kleiner Beutenkäfer	AT				■	■		■	■			■				■	■
Maikrankheit	MK		■	■					■				■		■		
Chronische Paralyse (CBPV)	CP		■	■					■			■	■		■		
Bienenlaus	BC			■				■		■						■	
Hornisse V. velutina	HV	■	■	■					■				■				
Vergiftung Pflanzenschutz	VG	■	■	■	■				■			■	■		■		
Vergiftung Tracht	VT	■	■	■	■				■			■	■		■		

DIAGNOSE VON AUFFÄLLIGKEITEN UND KRANKHEITEN BEI DER BRUT

		Nesteingang						Brut						Tot		Probe		
		Flugbetrieb	Tote Bienen	Auffällige Bienen	Spuren	Gerüche	Horchen	Gemüll Bodeneinlage	Zustand Bienenvolk	Anordnung (Brutbild)	Zustand Brutdeckel	Zustand der Brut	Futtermangel	Tote Bienen in Beute	Bienenleere Beuten	Proben Bienenbrut	Futterkranzproben	Gemüll
Auffälligkeiten/ Krankheiten	**Code**	NF	NT	NA	NS	NG	NH	GU	ZB	BA	BD	ZW	FM	BT	BL	PB	PF	PG
Amerikanische Faulbrut	AF	■				■			■	■	■	■				■	■	■
Europäische Faulbrut	EF	■				■			■	■	■	■				■		
Kalkbrut	KB	■							■	■	■	■				■		
Steinbrut	ST								■	■	■	■				■		
Tropilaelaps-Milbe	TL	■	■					■	■	■		■		■	?	■		■
Varroa-Virus-Infektion	VV	■	■	■			■	■	■	■		■	■	■	■	■		■
Deformierte Flügel Virus	DF		■	■								■		■	■	■		
Akute Bienen-paralyse (ABPV)	AP		■	■					■	■		■	■	■	■	■		
Schwarze Königinnenzellen (BQCV)	SK								■	■	■	■				■		
Sackbrut (SBV)	SB								■	■	■	■		■		■		
Kleine Wachsmotte	KW									■	■	■				■		
Große Wachsmotten	GW					■			■								■	

? = Erfolg der Maßnahme nicht sicher

VORBEUGE DER AUFFÄLLIGKEITEN UND KRANKHEITEN BEI ERWACHSENEN BIENEN

		Standort		Wahl und Kauf				Völkerführung		
		Standort auswählen	Völker aufstellen	Beuten- und Wabentyp wählen	Völker und Zubehör kaufen	Königin zukaufen	Schwache Völker erkennen	Nest einengen	Räuberei vermeiden	Mit Schwärmen umgehen
Auffälligkeiten/Krankheiten	**Code**	SA	SV	WT	ZM	ZK	SE	NE	RV	SU
Acarapisose	AC	●	●							
Nosemose	NO	●	●							
Amöbenruhr	AR	●	●							
Ruhr (Durchfall)	RU					●			●	
Nichtansteckende Schwarzsucht	SS	●								
Kleiner Beutenkäfer	AT		●	●	●		●	●	●	
Maikrankheit	MK	●								
Chronische Paralyse (CBPV)	CP		●			●		●	●	●
Bienenlaus	BC						●	●		
Hornisse V. velutina	HV	●		●			●	●		
Vergiftung Pflanzenschutz	VG	●							●	
Vergiftung Tracht	VT	●							●	

VORBEUGE DER AUFFÄLLIGKEITEN UND KRANKHEITEN BEI DER BRUT

		Standort		Wahl und Kauf			Völkerführung			
		Standort auswählen	Völker aufstellen	Beuten- und Wabentyp wählen	Völker und Zubehör kaufen	Königin zukaufen	Schwache Völker erkennen	Nest einengen	Räuberei vermeiden	Mit Schwärmen umgehen
Auffälligkeiten/Krankheiten	**Code**	SA	SV	WT	ZM	ZK	SE	NE	RV	SU
Amerikanische Faulbrut	AF	■	■		■	■	■	■	■	■
Europäische Faulbrut	EF		■		■	■	■	■	■	
Kalkbrut	KB	■	■		■	■	■	■	■	
Steinbrut	ST						■			
Tropilaelaps-Milbe	TL		■		■			■		■
Varroa-Virus-Infektion	VV		■					■		■
Deformierte Flügel Virus	DF						■			
Akute Bienenparalyse (ABPV)	AP		■						■	
Schwarze Königinnenzellen (BQCV)	SK					■	■	?	■	
Sackbrut (SBV)	SB					■	■	■		
Kleine Wachsmotte	KW						■	■		
Große Wachsmotten	GW						■	■		

? = Erfolg der Maßnahme nicht sicher

BEKÄMPFUNG VON KRANKHEITEN DER ERWACHSENEN BIENEN

		Desinfizieren				Hygieneverhalten verbessern			Kunstschwarm	
		Bienenvölker abtöten	Beuten und Geräte	Waben	Wachs und Honig	Bruthygiene erhöhen	Brutwaben entnehmen	Flugbienen entfernen	Geschlossen	Offen
Auffälligkeiten/Krankheiten	**Code**	BM	DG	DW	DH	SH	SW	SF	KG	KO
Acarapisose	AC							■		
Nosemose	NO		■	■				■		
Amöbenruhr	AR		■	■				■		
Ruhr (Durchfall)	RU		■	■						
Nichtansteckende Schwarzsucht	SS		■							
Kleiner Beutenkäfer	AT	■				■				
Maikrankheit	MK									
Chronische Paralyse (CBPV)	CP		■	■		■	■	■		
Bienenlaus	BC			■		■				

BEKÄMPFUNG VON KRANKHEITEN DER BRUT

		Desinfizieren				Bruthygiene			Kunstschwarm	
		Bienenvölker abtöten	Beuten und Geräte	Waben	Wachs und Honig	Bruthygiene erhöhen	Brutwaben entnehmen	Flugbienen entfernen	Geschlossen	Offen
Auffälligkeiten/Krankheiten	**Code**	BM	DG	DW	DH	SH	SW	SF	KG	KO
Amerikanische Faulbrut	AF	■	■	■	■	■	■		■	■
Europäische Faulbrut	EF		■	■	■	■	■		■	■
Kalkbrut	KB			■		■	■		■	■
Steinbrut	ST	■	■	■	■	■	■		▒	▒
Tropilaelaps-Milbe	TL	■	■		■	■			■	■
Varroa-Virus-Infektion	VV				■	■			■	■
Deformierte Flügel Virus	DF			■	■		?			
Akute Bienenparalyse (ABPV)	AP		■	■		■				
Schwarze Königinnenzellen (BQCV)	SK	■	■	■	■		■			
Sackbrut (SBV)	SB			■	■	■	■		■	■

? = Erfolg der Maßnahme nicht sicher

ARZNEIMITTEL BEI DER VARROA-VIRUS-INFEKTION

	Zusammensetzung	Name
Wirkstoff		
Ameisensäure	AS 60 %	Ameisensäure 60 % ad us. vet.
		Ameisensäure 60 Bernburg®
		Varroacid 60®
		Formivar 60®
	AS 70 %	Formivar 70®
	AS 85 %	Formivar 85®
		AMO-Varroxal®
	AS 68,2 %	Formicpro 68,2 imp. Streifen® (MAQ)
Thymol	Thy 25 % Gel	Apiguard®
	Thy 15g	Thymovar®
	Thy und andere ätherische Öle	ApiLive VAR®
Oxalsäure/ Ameisensäure	OS 31,4 mg/ml AS 5 mg/ml	VarroMed®
Milchsäure	MS 15 %	Milchsäure 15 % ad us. vet.®
Oxalsäure	OS 41 mg/ml	Oxuvar 5,7 %®
	OS 40 mg/ml	Oxalsäuredihydrat Bernburg 40®
	OS 40 mg/ml	Oxuvar® (3,5 %)
	OS 40 mg/ml	Oxalsäuredihydrat 3,5 % ad us. vet.
	OS 100 % Kristalle	Api Bioxal ad us. vet.®
		Varroxal ad us. vet.®
	OS 28 mg/ml und andere ätherische Öle	Oxybee® und Danys Bienenwohl®
Synthetische Pyrethroide)*	Flumethrin	Bayvarol®
		Polyvar Yellow®
Amitraz)*	Amitraz	Apivar®
		Apitraz®
Phosphors.-Ester)*	Coumaphos	CheckMite®

Anwenderschutz: Stufe 1: Schutzhandschuhe, Hautkontakt vermeiden; Stufe 2: Zusätzlich zu St.1) Schutzbrille, säurefeste Handschuhe und Schürze (Wasser für den Notfall); Stufe 3: (zusätzlich zu Stufe 2) Einatmen vermeiden, Schutzmaske FPP2 verwenden (Stufe 3* = FPP3)

	Hersteller	Land	Art)**	Schutz	Form	Dauer
	Standardzulassung	D	frei	St 1	Dunsten	lang
	Serumwerke Bernburg	D	frei	St1	Dunsten	lang/kurz
	WDT	D	frei	St 2	Dunsten	lang
	BioVet	A, CH, D	frei	St 2	Dunsten	lang
	BioVet	CH		St 2	Dunsten	lang
	BioVet	A, CH	Rp.TN	St 2	Dunsten	lang
	Resch	A	Rp.TN	St 2	Dunsten	lang
	BioVet	CH, D	frei	St 2	Dunsten	lang
	VIta	A, D	frei	St 1	Verdampfen	lang
	BioVet	A, Ch, D	frei	St 1	Verdampfen	lang
	Laif	A, Ch, D	frei	St 1	Verdampfen	lang
	BioVital	A, D	Ap.	St 2	Träufeln	kurz
	Serumwerk Bernburg	A, CH, D	frei	St 3	Sprühen	kurz
	BioVet	A, CH, D	frei	St 2/3	Träufeln/Sprühen	kurz
	Serumwerk Bernburg	D	frei	St 2	Träufeln/Sprühen	kurz
	BioVet	A, CH, D	frei	St 2	Träufeln	kurz
	Serumwerk Bernburg	D	frei	St 2	Träufeln	kurz
	Laif	A, CH	frei	St 3+	Verdampfen	kurz
	BioVet	CH	frei	St 3+	Verdampfen	kurz
	Dany Bienenwohl	A, CH, D	frei	St 2	Träufeln	kurz
	Bayer Vital	CH, D	Ap.	St 1	Einhängen	lang
	Bayer Vital	A, D	Ap.	St 1	Anbringen	lang
	Veto	A, D	Rp.	St 1	Einhängen	lang
	Calier	A, D	Rp.	St 1	Einhängen	lang
	Bayer Vital	Ch	Rp.	St 1	Einhängen	lang

)*Synthetische Wirkstoffe sind gemäß EU Ökoverordnung in der Bio-Imkerei nicht zugelassen.
)**Medikamentenstatus in Deutschland: Frei = frei verkäuflich, Ap. = Apothekenpflichtig und Eintrag ins Bestandsbuch Rp. = Rezeptpflichtig und Eintrag ins Bestandsbuch durch Tierarzt, TN = Kaskadenregelung nur bei Therapienotstand.

AUFFÄLLIGKEITEN UND KRANKHEITEN BEI ERWACHSENEN BIENEN

		Acarapisose	Nosemose	Amöbenruhr	Ruhr	Schwarzsucht
Auffälligkeiten/ Krankheit	**Code**	AC	AF	EF	KB	SZ
Ursache (Erreger)		Milbe: *Acarapis woodi*	Pilz: *Nosema apis Nosema ceranae*	Amöbe: *Malpighamoeba mellificae*	verdorbenes Futter, Störungen im Winter	*Waldtracht, genetische Disposition*
auffällige Bienen	NA	krabbelnde, hüpfende Bienen	flugunfähige Bienen, aufgetriebener Hinterleib	flugunfähige Bienen	unruhig, flugunfähige Bienen	unruhig, Flügelzittern
abgestorbene Bienen	NT BT	starker Totenfall	starker Totenfall	starker Totenfall	schwacher bis starker Totenfall	schwacher bis starker Totenfall
typische Spuren	NS	Völker laufen aus, Bienen kehren nicht in Stock zurück	braune bis gelbe Kotflecken am Nesteingang und auf Waben	schwefelgelbe Kotflecken am Nesteingang und auf Waben	braune Kotflecken am Nesteingang und auf Waben	auffällige Bienen
Diagnose im Feld		nur Labor, Bienen mit gespreizten Flügeln	typische Kotspuren in Pünktchenketten	schwefelgelber Kot	typische große braune Kotflecken	
Seite		68	72	72	78	76

		Kleiner Beuten-käfer	Maikrankheit	Chronische Bienen-paralyse	Vergiftungen	Schwarz-sucht
Auffälligkeiten/ Krankheit	**Code**	AT	VV	TL	VT / VG	SZ
Ursache (Erreger)		Käfer: *Aetina tumida*	Verdauungs-störung, Wassermangel, Tracht	Virus: Chronisches Bienen-paralyse-Virus	Giftiger Pollen und Nektar oder Pflanzen-schutzmittel, Emissionen	*Waldtracht, genetische Disposition*
auffällige Bienen	NA	unauffällig bis unruhig	flugunfähige Bienen, Lähmungs-erscheinungen	normal, krabbelnde Bienen, Flügelzittern	flugunfähige Bienen, Lähmungs-erscheinungen, kreiselnde Bewegungen	unruhig, Flügel-zittern
abgestorbene Bienen	NT BT	schwacher Totenfall	schwacher Totenfall	schwacher bis starker Totenfall	schwacher bis starker Totenfall, plötzliches Auftreten, ausgestreckter Rüssel	schwacher bis starker Totenfall
typische Spuren	NS	aus-laufendes, ver-gorenes Futter, Käfer und Larven in Ritzen	Bienen mit auffällig auf-getriebenem Hinterleib	auffällige Bienen, junge und alte Bienen betroffen	auffällige Bienen, ausgestreckter Rüssel, Puppen mit verfärbten Augen	auffällige Bienen
Diagnose im Feld		typischer Käfer	fester gelber Kot tritt nach leichtem Drücken auf Hinterleib aus	nur im Labor	Auffälligkeiten im Verhalten und Totenfall	
Seite		82	80	86	92	76

AUFFÄLLIGKEITEN UND KRANKHEITEN DER BRUT

		Gesunde Brut	Amerikanische Faulbrut	Europäische Faulbrut	Kalkbrut	Steinbrut
Auffälligkeiten/ Krankheit	**Code**		AF	EF	KB	ST
Ursache (Erreger)		keine	Bakterium: *Paenibacillus larvae*	Bakterium: *Melissococcus plutonius*	Pilz: *Ascosphaera apis*	Pilz: *Aspergillus flavus*
Brutbild	BA	flächig, nur vereinzelt offene Zellen	lückig	je nach Befall lückig	je nach Befall lückig	einzelne Zellen infiziert
Zelldeckel (BD)	BD	einheitlich-hellbraun, nicht eingesunken	eingesunken, löchrig, verfärbt	eingesunken, löchrig, verfärbt	löchrig, meist entfernt	mit grünem Geflecht bedeckt, löchrig
abgestorbene Brut	ZW	keine	Streckmaden, Vorpuppen	Rundmade, Streckmade	Streckmade, Vorpuppe	Streckmade
Farbe Brut	ZW	je nach Alter weiß bis braun	hellbraun, milchkaffee-farben	gelb bis dunkelbraun	weiß bis grau-schwarz	gelbgrün
Beschaffenheit Brut	ZW	normal, elastisch	zäh, faden-ziehend, selten wässrig	zähflüssig, seitlich verdreht	hart, locker in Zelle	hart, fest in Zelle verwachsen
Schorfe (ZW)	ZW	keine	schwarz, untere Zellrinne, schwer zu entfernen	seitlich verdreht, leicht zu entfernen	keine	keine
spezifischer Geruch	NG	unauffällig	nach Fußschweiß	sauer	unauffällig	unauffällig
Diagnose im Feld		entfällt	fadenziehend im Streichholz-test	leicht fadenziehend im Streichholz-test	harte Mumien	fest in Zelle „verpilzte" Brut
Seite		104, 109, 113	100	106	110	114

		Sackbrut	Varroa-Virus-Infektion	Tropilaelaps-milbe	Buckelbrut	Verkühlte Brut
Auffälligkeiten/ Krankheit	**Code**	SB	VV	TL		
Ursache (Erreger)		Virus Sackbrutvirus	Parasit: *Varroa destructor* und Viren	Parasit: *Tropilaelaps* spp. und Viren	Verlust Königin	tiefe Bruttem-peratur
Brutbild	BA	je nach Befall lückig	je nach Befall lückig	je nach Befall lückig	Drohnen-brut überwiegt	tote Brut besonders am Rand
Zelldeckel	BD	rissig, eingefallen, teilweise entfernt	normal oder eingesunken	normal oder eingesunken	kugelförmig	hell oder dunkel, auch eingesunken
abgestorbene Brut	ZW	Streckmade	verdeckelte Brut, schlüpfende Biene	verdeckelte Brut	keine	meist Maden
Farbe	ZW	gelb bis hellbraun	normal oder gelb bis braun	normal oder gelb bis braun	unauffällig	dunkel, schwarz
Beschaffenheit	ZW	Kopf nach oben gerichtet, sackförmig, wässriger Inhalt	normal oder verwesend, Miss-bildungen	normal oder verwesend	normal	wässrig bis trocken
Schorfe	ZW	dunkelbraun, leicht zu entfernen, schiffchenartig	keine	keine	keine	locker in Zelle, schnell von Bienen entfernt
Geruch	NG	leicht sauer	unauffällig	unauffällig	unauffällig	faulig
Diagnose		bildet Sack beim Herausziehen	Öffnen der Zelle, Gemüll	Öffnen der Zelle, Gemüll	kleine Drohnen in Arbeiterzelle	Brut zerläuft beim Herausziehen
Seite		128	119	116	34, 38	16

ÜBER DEN AUTOR

Dr. Wolfgang Ritter ist ein weltweit anerkannter Experte für Bienengesundheit und setzt seit Jahren Maßstäbe in der natürlichen Gesunderhaltung von Honigbienen. Mehrere Jahrzehnte war er Experte und Leiter des Referenzlabors für Deutschland und die Weltorganisation für Tiergesundheit (OIE/Paris). Als Präsident der wissenschaftlichen Kommission für Bienengesundheit des Weltbienenzuchtverbandes (Apimondia/Rom) beriet er über mehrere Jahrzehnte hinweg Regierungen, Organisationen und Bienenzüchter*innen weltweit zu den Themen Bienengesundheit und nachhaltige Arbeitsweisen. Darüber hinaus ist er Autor zahlreicher wissenschaftlicher Publikationen und mehrerer Bücher zum Thema Bienengesundheit und ökologische Bienenhaltung. Seit mehr als 40 Jahren imkert er zusammen mit seiner Frau Ute, die hier im Buch vor allem die bildliche Gestaltung übernahm.

ZUM WEITERLESEN

Ritter, W.: Varroa unter Kontrolle. Schnell checken und lösen. Verlag Eugen Ulmer, Stuttgart 2023

Ritter, W. und Schneider-Ritter, U.: Das Bienenjahr – Imkern nach den 10 Jahreszeiten der Natur. Ein phänologischer Arbeitskalender. Verlag Eugen Ulmer, Stuttgart 2020

Ritter, W.: Bienen gesund erhalten. Verlag Eugen Ulmer, Stuttgart 2021

Ritter, W.: Gute Imkerliche Praxis. Verlag Eugen Ulmer, Stuttgart 2016

Ritter, W.: Bienen naturgemäß halten. Verlag Eugen Ulmer, Stuttgart 2014

Ritter, W. (Editor): Beehealth and veterinarians. OIE-Verlag, Paris 2014

BILDQUELLEN

Michael Duncan: Seite 17 rechts, 85 oben
Henrik Hansen: Seite 111 unten, 115 (2).
Institut Oberursel: Seite 84
LAVES-Celle: Seite 73 oben, 89 (2)
Wolfgang Ritter: alle Bilder von Krankheiten (außer den hier angegebenen)
Jürgen Schwenkel: Seite 87 links, 163 oben links
Donat Waltenberger: Seite 121 links
Alle anderen Fotos im Innenteil sowie das Titelbild stammen von Ute Schneider-Ritter.

Die Icons wurden von Antje Warnecke nach Vorlagen des Autors erstellt. Das Icon Biene stammt von Gözde Okcu. Alle anderen Grafiken wurden von Flubacher Grafisches Atelier (flubacher.de) nach Vorlagen des Autors erstellt.

Die in diesem Buch enthaltenen Empfehlungen und Angaben sind vom Autor mit größter Sorgfalt zusammengestellt und geprüft worden. Eine Garantie für die Richtigkeit der Angaben kann aber nicht gegeben werden. Autor und Verlag übernehmen keine Haftung für Schäden und Unfälle. Bitte setzen Sie bei der Anwendung der in diesem Buch enthaltenen Empfehlungen Ihr persönliches Urteilsvermögen ein. Der Verlag Eugen Ulmer ist nicht verantwortlich für die Inhalte der im Buch genannten Websites.

IMPRESSUM

Bibliografische Information der Deutschen Nationalbibliothek
Die Deutsche Nationalbibliothek verzeichnet diese Publikation in der Deutschen Nationalbibliografie; detaillierte bibliografische Daten sind im Internet über http://dnb.d-nb.de abrufbar.

Wollgrasweg 41, 70599 Stuttgart (Hohenheim)
E-Mail: info@ulmer.de
Internet: www.ulmer.de
Projektleitung: Antje Munk
Lektorat: Annette Flesch
Herstellung: Stephanie Haun
Musterlayout: Antje Warnecke, nordendesign.de
U1-Gestaltung: Marion Schreiber, www.marionschreiber.de
Satz, U4 + Klappen-Gestaltung: Fotosatz Buck, Kumhausen
Reproduktion: time:ray, Jettingen
Druck und Bindung: Livonia Print, Riga
Printed in Latvia

ISBN 978-3-8186-1769-1

SCHNELLE HILFE AM BIENENSTOCK

Varroa unter Kontrolle.
Schnell checken und lösen. KURZ UND BÜNDIG.
Wolfgang Ritter. 2023. 144 S., 127 Farbfotos, 16 farbige Zeichnungen, Klappenbroschur.
ISBN 978-3-8186-1768-4.

Varroamilben im Bien? Schnelle Hilfe ist nötig? Dieses einzigartige Buch ist ideal für die Mitnahme an den Bienenstand und hilft direkt vor Ort, zügig die richtigen Entscheidungen zu treffen. Das eingängige Leitsystem garantiert eine klare und schnell erfassbare Führung durch das Buch: Einfach, übersichtlich und verständlich sind die wichtigsten Methoden zur Erkennung der Höhe des Befalls und zur Entscheidung über das weitere Vorgehen dargestellt. Mit kurzen und knappen Arbeitsanweisungen werden Hinweise zu Vorbeugung und Bekämpfung gegeben. Viele Fotos und Grafiken illustrieren und erklären anschaulich – unabhängig von Betriebsweisen und Beutensystemen. Ein Must-have für alle Imker!

HIER KÖNNEN SIE WEITERLESEN

Hier erfahren Sie, wie Sie Ihre Völker gut führen, Gefahren frühzeitig abwenden und Krankheiten effizient bekämpfen.

Bienen gesund erhalten.

Bienenkrankheiten vorbeugen, erkennen und behandeln. W. Ritter. 3., akt. und erw. Auflage 2021. 264 S., 177 Farbfotos, 69 Zeichnungen, 5 Tabellen, geb.

ISBN 978-3-8186-0969-6.

Das Buch beschreibt Bienenhaltung anhand des phänologischen Kalenders, der insgesamt 10 Jahreszeiten umfasst und sich nach Entwicklungsstadien in der Natur richtet. Das Buch ist somit in jeder Region anwendbar – auch in Zeiten des Klimawandels!

Das Bienenjahr - Imkern nach den 10 Jahreszeiten der Natur.

W. Ritter, U. Schneider-Ritter. 2020. 232 S., 240 Abb., Klappenbroschur.

ISBN 978-3-8186-1140-8.